内容と使い方

付属のDVDには音声付きの動画が収録されています。この本で紹介されたご本人が登場し、つくり方、使い方などについてわかりやすく実演・解説していますので、ぜひともご覧ください。

DVDの内容 全48分

パート1

目指せ
手直し要らずの耕耘作業

徳島県 佐々木美穂さん
豊原貴美子さん

14分

[関連記事4ページ]

パート2

効率アップ&低燃費の技 新米さんに伝授

愛媛県 井上裕也さん
井関晃平さん

16分

[関連記事22ページ]

パート3

サトちゃん&農業少年
オート機能を使いこなす

茨城県 中島裕也くん
サトちゃん

17分

[関連記事32ページ]

DVDの再生　付属のDVDをプレーヤーにセットするとメニュー画面が表示されます。

「はじめから全部見る」を選択。ボタンが赤色に

全部見る

「はじめから全部見る」を選ぶと、DVDに収録された動画（パート1～3 全48分）が最初から最後まで連続して再生されます。

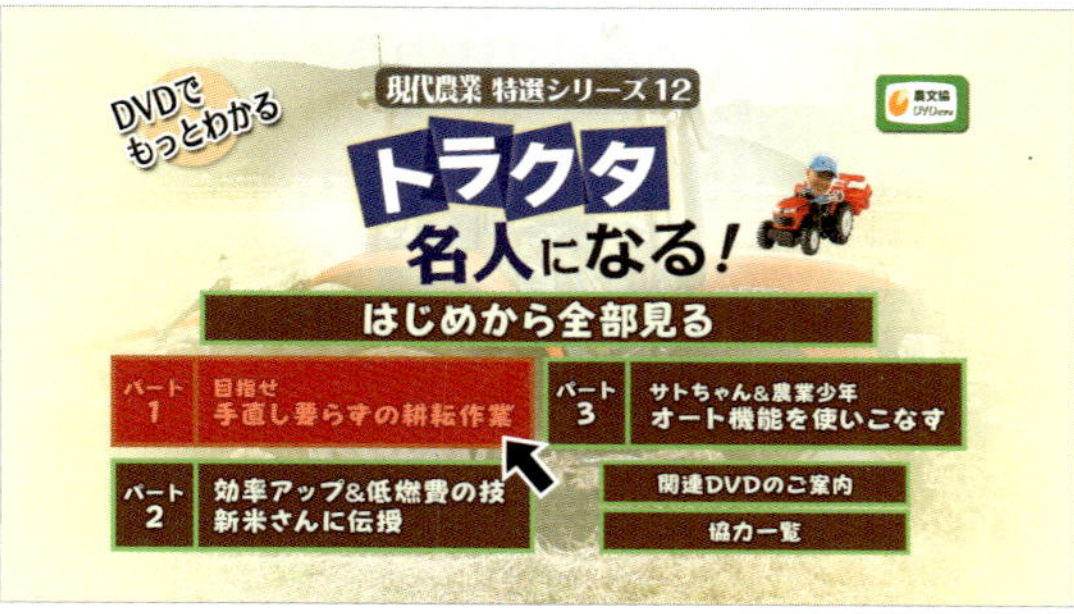

「パート1」を選択した場合

パートを選択して再生

パート1から3のボタンのいずれかを選ぶと、そのパートのみが再生されます。

4：3の画面の場合

※このDVDの映像はワイド画面（16：9の横長）で収録されています。ワイド画面ではないテレビ（4：3のブラウン管など）で再生する場合は、画面の上下が黒帯になります（レターボックス＝LB）。自動的にLBにならない場合は、プレーヤーかテレビの画面切り替え操作を行なってください（詳細は機器の取扱説明書を参照ください）。
※パソコンで自動的にワイド画面にならない場合は、再生ソフトの「アスペクト比」で「16：9」を選択するなどの操作で切り替えができます（詳細はソフトのヘルプ等を参照ください）。

このDVDに関する問い合わせ窓口　**農文協DVD係：03-3585-1146**

目次

わが家の田畑で使いこなす技

力を引き出すメンテ術

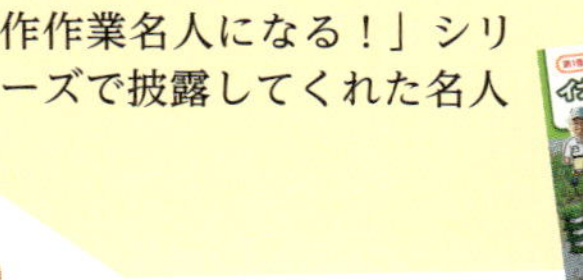

トラクタ名人・サトちゃん

佐藤次幸さん。福島県北塩原村の稲作農家。トラクタ作業の効率アップ＆低燃費、イネもよく育って儲けも増える技を追求、『現代農業』やDVD「イナ作作業名人になる！」シリーズで披露してくれた名人

田んぼの耕耘作業は
私たちが主役
DVDでもっとわかる
徳島県板野町・佐々木美穂さん、豊原貴美子さん

今どき、トラクタに乗るのは男だけではない。亡くなったお父さんから田んぼを引き継いだ佐々木美穂さんは、耕耘からイネ刈りまで機械作業をすべてこなす。近所の豊原貴美子さんも、田んぼの耕耘は二〇年来自分でやってきたトラクタ母ちゃん。じつは二人とも、最初のトラクタの師匠は佐々木さんのお父さんだったそうだが――。

豊原さん（以下、豊）：うちの田んぼはみんなの散歩コースやから、人によく見られるんよ。表面が平らになるように、草もなるべく生やさんように何回か耕す。イネ刈ったらすぐと、年末の大掃除のついでに一回、それから春にも二回ほど。それこそトラクタに乗り始めの頃、美穂ちゃんのお父さんに「年内に耕したほうが草が出にくい」って、教えてもろたんよ。

佐々木さん（以下、佐）：うちの親はそうよね。でも私は、年内に耕すのはやめちゃった。回数こなすうちに、どうしても底（耕盤）が深く深くなっていくでしょ。すると、代かきや田植えのときに、機械が深く入って大変なのよ。

豊：そうなん？　私は田植えは自分でやらんので、気付かんかった。

佐：それからうちの親、田んぼの縁の耕し損ねた部分や、四隅の盛り上がりは「スコップで引いとけ」「トンボで均しとけ」って言うたでしょ？　私たち子供が「掘れ掘れ隊」をやらされるわけ。これが「農業ってこんなつらい仕事なんや」と子供心に思わされたイヤな仕事でねー。大人になって「私がやるからには、人に掘らせるのはやめよう」って決めた。だから、なるべく縁まで耕すようにしてる。

豊：私は美穂ちゃんのお父さんに「四隅は盛り上がるもん。あとでトンボで均したらエエから気にするな」って教わったのを守って、二〇年以上やってるのに。

隣のおばちゃん（私）は、お父さんのことを「教師」やと思ってきたけど、娘のほうは「反面教師」にしとったわけやね（笑）。

佐：これからは、お金をかけず、それでもいいお米をとるのに全精力をかけていかんと、板野の田んぼは守れんからね。それには機械もうまく使わんと。

――お父さんより手間も時間もかけずに耕したい。そう思った佐々木さんは、『現代農業』のトラクタ関連記事や、トラクタ名人・サトちゃんのDVD「イナ作作業名人になる！」シリーズ（64ページ）などでじっくり勉強。四隅や耕盤まで真っ平らで手直し要らずの耕し方をマスターした。　編

＊二〇一五年五月号「田んぼの耕耘作業は私たちが主役！」

佐々木美穂さん（右）と豊原貴美子さん
（大村嘉正撮影）

トラクタの基礎講座

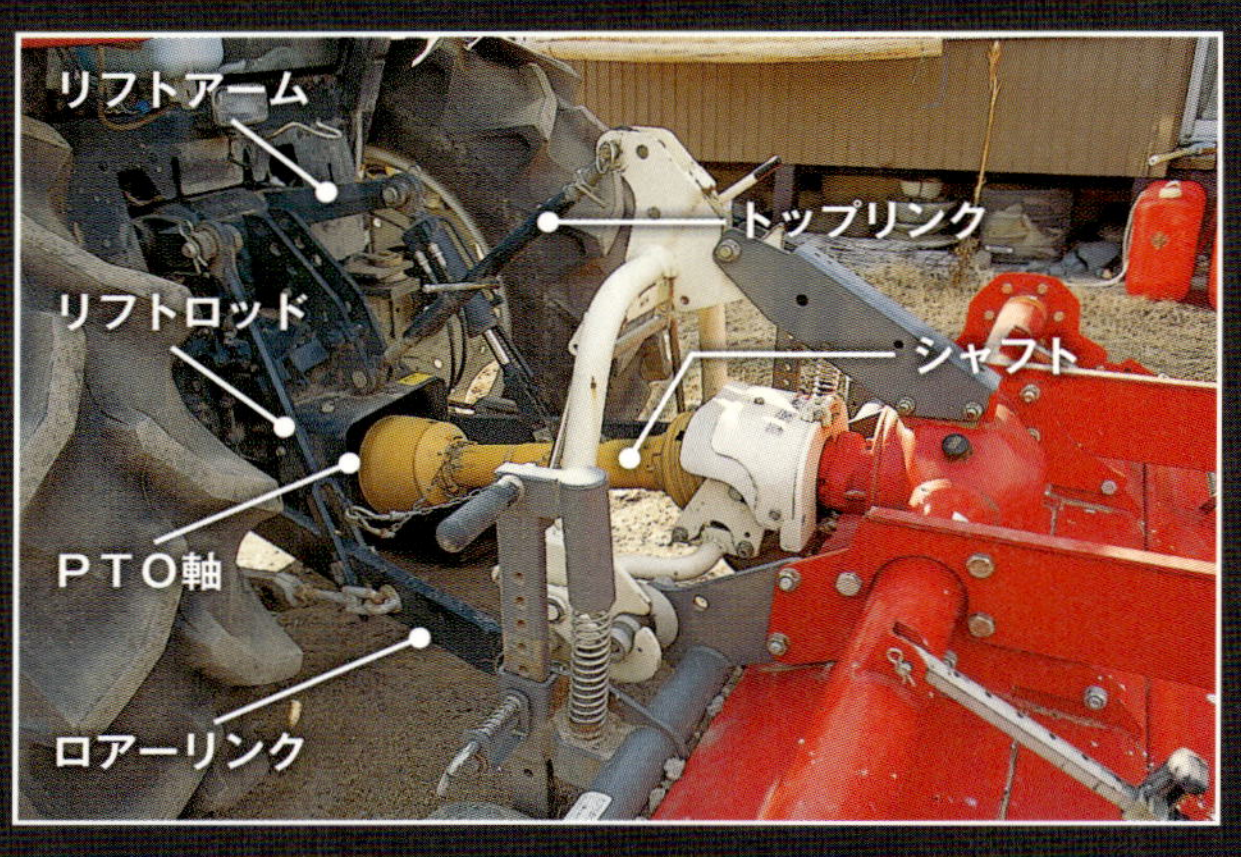

トラクタに取り付けられたロータリは、一般にトップリンクと左右のロアーリンクの３点リンクで上げ下げするようになっている。ロータリを回転させるための動力は、トラクタのPTO軸に接続されたシャフトを通じて伝わる　（倉持正実撮影、Kも）

トラクタの構造

エンジン

軽油が燃料のディーゼルエンジン。ガソリンエンジンと比べて低速回転でも強い力が出せるため、少ない燃料で長時間馬力を出し続けられる

走行ギア

エンジンの動力を走るための回転数とトルクに変える

クラッチ

エンジンの動力を走行ギアとPTOギアに伝えたり切ったりする

PTOギア

エンジンの動力を作業機に必要な回転数とトルク（力）に変える

トラクタのオート機能

イセキのTM18を例に。
カッコ内の機能名は各メーカー独自の名称

(青木敬典撮影、Aも)

逆転PTO
ロータリを逆回転させる機能。高くなった圃場の四隅の土をトラクタに乗ったまま移動させることができる

ダッシング防止機能
(デセラ機能、クッションオート)
ロータリを下げるとき、下降速度が着地の付近でゆっくりになる。前方への急な飛び出しやショックの少ない作業ができる

作業機昇降レバー
(フィンガーアップレバー、ポンパ)
ロータリ等の作業機の上げ下げをワンタッチでできるレバー。ハンドルから手を離さずにできる

前後進切り替えレバー
(シャトルシフト、シンクロリバーサレバー、リニアシフト)
前進と後進を切り替えるレバー。前進の車速のまますぐ後進に切り替えられるので、耕耘作業の枕地で切り返したりするときに便利。高速ギアのまま後進に入れると非常に危険なので注意

(A)

倍速旋回(スーパーフルターン、AD倍速、倍キャスターン)
四輪駆動のとき、旋回時にハンドル角度が大きくなると外側の前輪が通常の約2倍で回転、圃場を荒らさずに小回りできる。左ページの図を参照

(A)

旋回アップ
(オートリフト、オートアップ)
旋回時にハンドルが一定角度以上になると自動的にロータリが上昇する機能。旋回時にハンドル操作に集中できて安全

耕深調整レバー
自動耕深制御装置(左ページの図参照)で設定する深さを決めるレバー。ツマミ式のダイヤル(耕深調節ダイヤル)で調整するトラクタも多い

油圧レバー(コントロールレバー)
作業機を手動で上げ下げするレバー。ロアーリンクを吊っているリフトロッドとリフトアーム(前ページ参照)を油圧で上下する動きをレバーでコントロールする

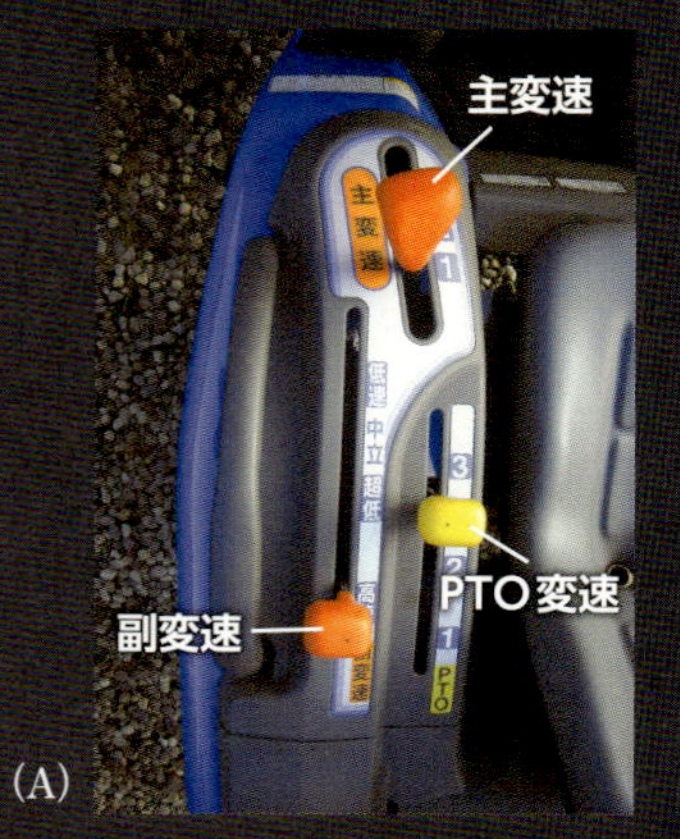

(A)
座席左側

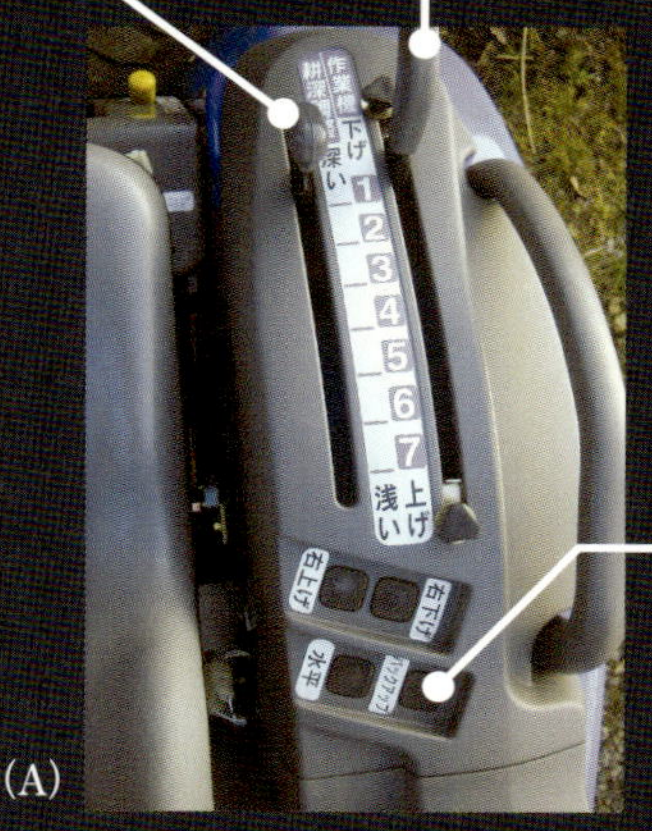
(A)
座席右側

バックアップ
変速ギアをバックに入れるとロータリが上がる機能。均平板を変形させてしまうといったトラブルがなくなる

倍速旋回

倍速旋回あり

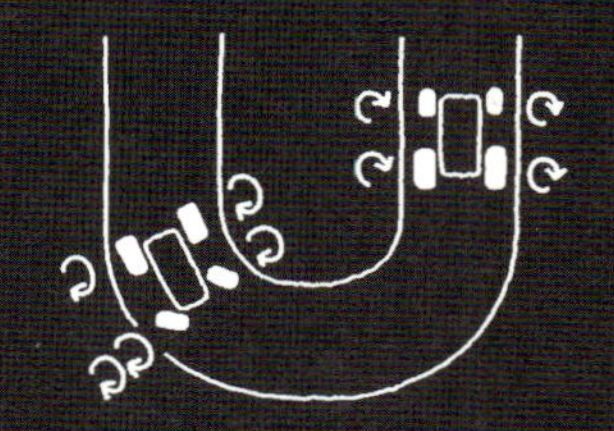

外側の前輪が約２倍速く回るので、小回りできる。片ブレーキを強く踏まなくてもいいので圃場が荒れにくい

倍速旋回なし

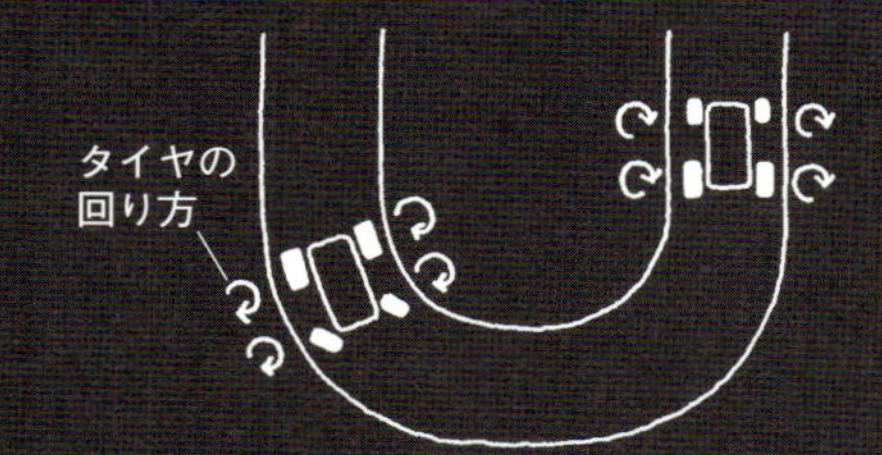

前輪が前に前に進もうとするので大回りしかできない。無理やり小回りしようと後輪の片ブレーキを強く踏むとタイヤで土を掘ってしまう

自動水平制御装置（モンロー、UFO）

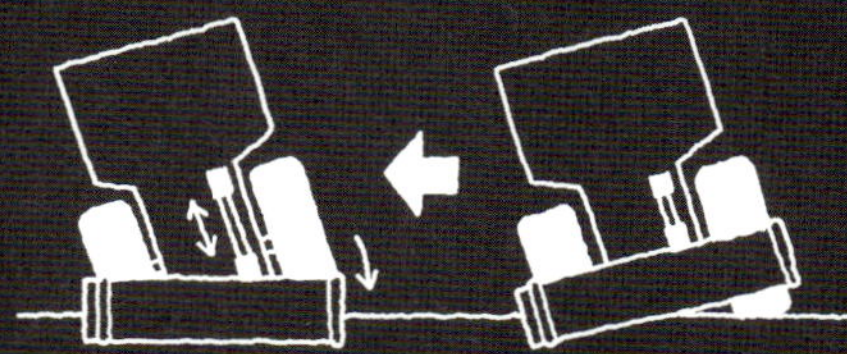

作業機の水平を自動で保つ装置。トラクタの傾きに反応して、右側のロアーリンクの高さが自動的に調整されて水平に合わせる

加圧スプリング

均平板

(K)

自動耕深制御装置

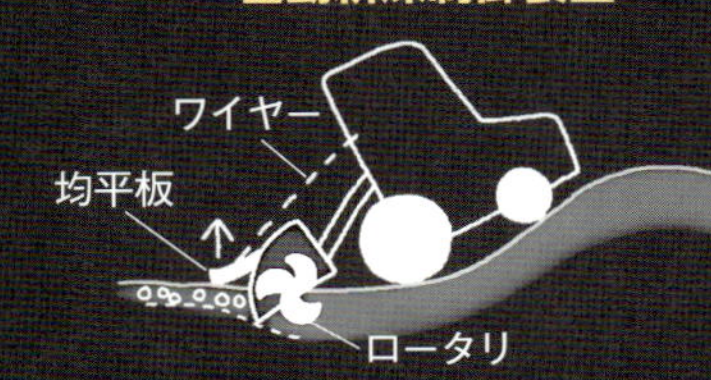

耕す深さを自動で一定に保つ装置。ロータリの均平板がセンサーになる。耕深調整レバー（右ページ下写真、または耕深調節ダイヤル）で設定した耕深より深起こしになって均平板が上がると、ワイヤー経由でトラクタに情報が伝わってロータリが上がる。逆に浅起こしになって均平板が下がると、ロータリも下がる

加圧スプリングの役割

押さえが弱いと…

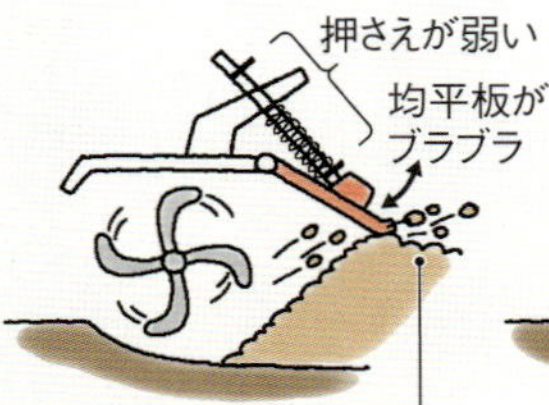

土を後ろに飛ばしてしまい、スタート時に高い土盛りができてしまう

押さえが強すぎると…

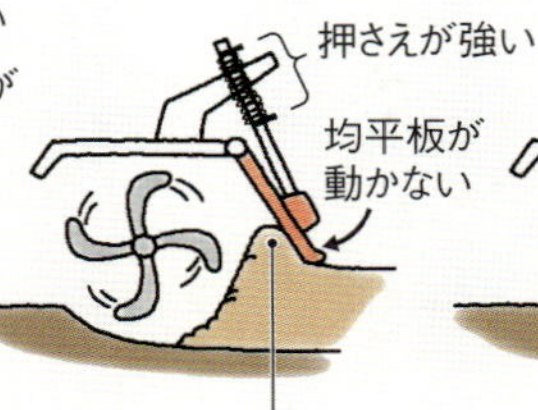

抱え込む土が多くてトラクタに負担がかかる

押さえが丁度いいと…

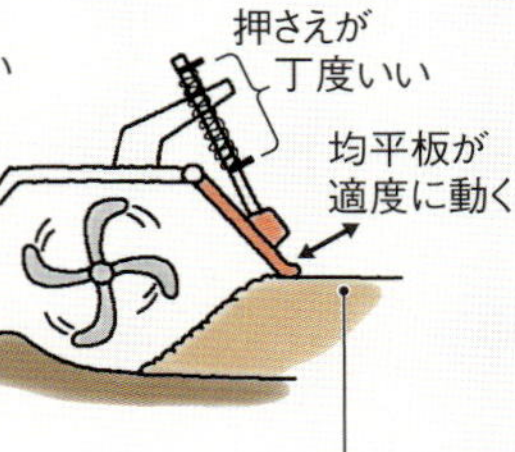

平らに均せる

サトちゃんに聞く

トラクタ・ロータリの基本Q&A

DVDでもっとわかる

農家にとって今や欠かせない存在、トラクタ。120%使いこなしたいのはやまやまだけれど、詳しく教えてくれる人は意外といないもの。新規就農5年目の今井虎太郎くんも、そんな悩みを抱えていた。

(K)

奥さんの睦さん

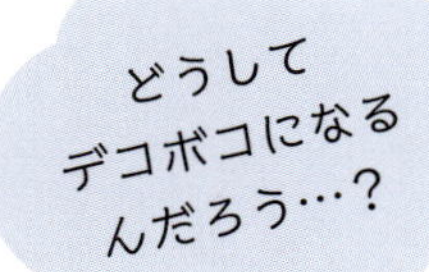

今井虎太郎くん（赤松富仁撮影、K以外すべて）

耕盤デコボコ、田植え機のハンドルがとられてグニャグニャに…
（倉持正実撮影、Kも）

今井くんの悩み

いちおう農大出て、有機農業やってる方のところで一年研修したんですけど、トラクタのことってほとんど教わってないんです。

中古で安いトラクタ買って自己流で作業してるんですけど、どうしても周りの田んぼみたいにキレイにできない。まず耕すときどれくらいアクセル吹かして、どれくらいの速さで作業すればいいのかってことも、ちゃんとわかってないんです。

オート機能が付いてないトラクタなんで、耕す深さも、後ろを見ながら自分でロータリ上げ下げして調整してます。でも、やっぱり耕耘跡は毎回デコボコ。秋起こしからそんな田んぼにしちゃうもんだから、春の田起こしも代かきもうまくいかないし、田植え機も足をとられてグニャグニャ曲がるんです。欠株もすっごい多いから、補植に入るかみさんに怒られるんですよ。「私がやったほうが絶対キレイ！」って。

もしトラクタのことちゃんと教えてもらえるなら、ぜひお願いしたいです。

悩める若き農家がいると聞けば放っておけないのが、トラクタ名人・サトちゃん。福島県の会津から車を飛ばし、今井くんの田んぼがある神奈川県伊勢原市までやってきてくれた。

やや緊張した面持ちの今井くんだが、サトちゃんにチェックしてもらおうと、さっそくトラクタに乗り込み耕耘開始。

「かわいいじゃないのー」とかつぶやきながら見守っていたサトちゃん、どうやら課題は次々見つかったようだ。

サトちゃんが見守る中、
今井くん、耕耘開始

ロータリが最初から右下がり。その分耕盤も右下がりに傾いてしまう

よろしく
お願いします

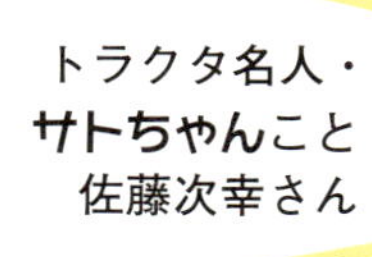

トラクタ名人・
サトちゃんこと
佐藤次幸さん

(K)

段差

耕した列と列の間に段差がクッキリ。耕盤が階段状にデコボコになってしまった

Q えっ？ 作業機の水平が大事？

作業機が傾けば耕盤も傾く

サトちゃん（以下サ）：お疲れさま〜。まず気になったんだけど、ロータリが傾いて付いてねえか？

今井くん（以下今）：あぁ、そうかもしれないです。リフトロッドの長さを、アゼ塗り機付けるときに機械屋さんがいじったんですよ。このトラクタだと、そうしないとうまく付かなかったみたいで。あとで自分でロータリ付けるとき、そのまま直さなかったんです。そんなに影響はないと思ってたんですけど……。

サ：影響ないどころか、致命傷よ！　この傾きに合わせて、耕盤もぜーんぶ傾いてるから。掘ってみる？

——ほら、おっそろしいほど耕盤デコボコだ。最初の耕耘でこうしちゃうと、あとで直すのは大変なのよ。逆に一発目の耕耘で平らな耕盤つくっちゃえば、あとの作業は信じらんねーくらいラクになるってこと。

Q 尾輪って何？ どんな役割？

耕深制御なしなら尾輪設定と油圧レバー操作が命

サ：あと尾輪が付いてなかったけど、なんか理由が

ロータリを水平に設定する基本

ロータリの左右の傾きは、リフトロッドの長さを調節して直す

右側リフトロッドのロックナットをゆるめてから回し、長さを数㎝短くする

方向指示器を目安にすると、ロータリの右側が数㎝下がっているのがわかる

前後も水平にしてシャフトの負担減

ロータリの前後方向も水平にするため、トップリンクの長さも調整。前後が水平になればシャフトがロータリにまっすぐつながるので回転はスムーズ。シャフトへもエンジンへも負担が少ない

あんの？　耕深制御装置はないんでしょ。

今：尾輪が付いてると、四隅を耕すときにアゼに当たってギリギリまで耕せないから、取っちゃったんです。もともと尾輪って使い方がよくわかんなかったし、なくてもいいかな、と思って。

サ：そりゃいかん。尾輪が土に着くことでロータリが下がり過ぎるのを止めるわけでしょ。なかったら、油圧レバー（ロータリを上げ下げするレバー）下げるだけどんどん深くなるぞ。

だいたい、レバーのストッパーがないよね。どうしちゃったの？

今：使ってるうちにポロッと取れて、どっかいっちゃったんです。やっぱり必要ですか？

サ：そりゃ必要だよー。耕深制御なし、尾輪もなし、レバーのストッパーもなしじゃ、ロータリはどこまでも深くなるぞ。

今：いつも後ろを見てロータリの深さ確認するようにはしてるんですけど、うまくいかないんですよね。

サ：だって今井くん、レバー一㎝下げるとロータリはどんだけ下がるかわかってる？

今：いえ、わからないです。いつも後ろ振り向いてロータリ見ながらレバー動かすんですけど、反応が遅いから、たいてい五㎝くらいは動かしちゃうんですよね。そうすると下がり過ぎるからまた上げたり……。

サ：ほら、そうやって自分でデコボコつくってんだよ。レバー一㎝下げるだけでロータリは五㎝くらい下がるもんなの。レバー五㎝も動かしたら、もう地獄よ。

ロータリの深さ設定の基本

❶まずは水平なところで、油圧レバーを徐々に下げ、ロータリの爪の先がちょうど地面に触れたところで止める。

❷次に耕深調節ハンドルを回し、尾輪がちょうど地面に着く位置にする。タイヤの接地面とロータリの爪の先と尾輪が一直線に並んだこの状態が、調節前の基本となる設定。

❸基本設定の状態で田んぼに入り、数m試し掘りする。田面の硬さにもよるが、タイヤが沈む分は、ロータリの爪も地面に食い込んで耕せる。さあ、その結果が――。

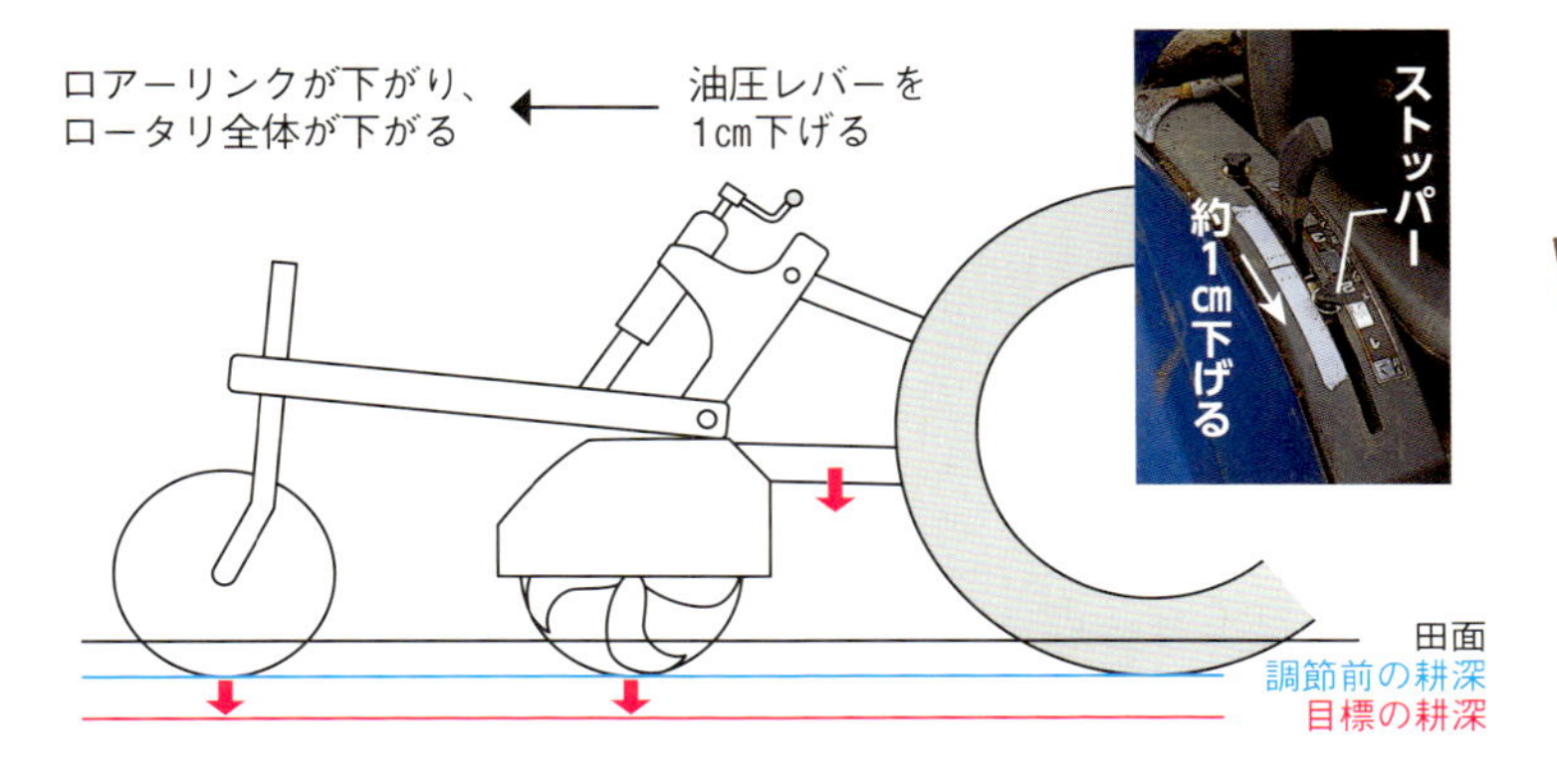

浅すぎたら…

❹田面が硬くてタイヤが沈まない分、ロータリの爪も食い込まず、尾輪もきいていない状態。とりあえず油圧レバーを1cmだけ下げてロータリ全体を下げる。それでもロータリが下がらないときは、尾輪が抵抗になっている状態。尾輪を少し上げる。

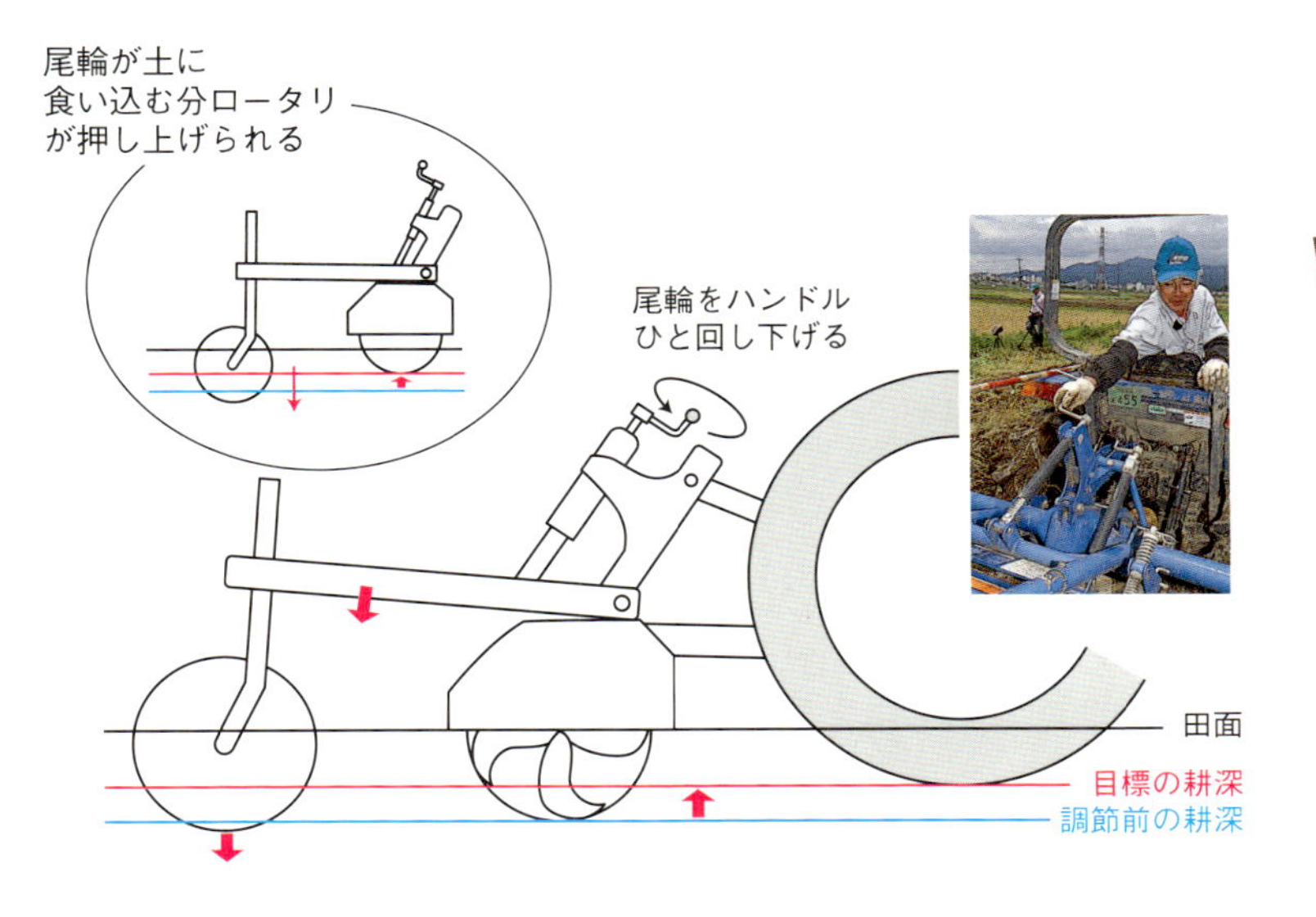

深すぎたら…

❺尾輪をハンドルひと回しだけ下げて土に食い込ませ、ロータリを押し上げる。それでも上がらないときは、田面がやわらかすぎて尾輪がきかない状態。油圧レバーを少し上げる。

❹❺の要領で調節するたびに深さを確認し、ちょうどいい耕深（10cm）になる油圧レバーの位置、尾輪の位置を決める。決まったら、油圧レバーのストッパーをちょうどいい位置の0.5～1cm下で固定する（微調整用の遊びを持たせるため）。こうすれば、作業中にいちいち後ろを確認しなくても、ロータリの深さはほぼ一定にできる。

油圧レバーの持ち方

小指を車体に付けて支点にして、手はレバーにそっとそえるだけ。レバーの操作は、親指と人さし指だけでやる感じ。これなら上げ過ぎ下げ過ぎはほとんどない

田面がやわらかい場合

田面がやわらかい部分では、尾輪がどこまでも土にめり込んでしまってききにくい。こんな部分では油圧レバーで深さを決める。目標とする耕深のときのエンジン音と尾輪の土へのめり込み具合を覚えておき、タイヤが沈んだ感じ、エンジン音の変化があったら、尾輪を見ながら油圧レバーをほんの少し（1cm前後）上げて深くなりすぎないようにする。

アゼ際が高い田んぼの場合

自動水平制御装置付きトラクタなら…

傾きに反応して右側のリフトロッドが伸びてロータリの右側が下がる。それでも水平にならないときは手動でさらに右下がりになるように調節して、水平に近づける

自動水平制御装置が付いていないと、田んぼの傾きに合わせてトラクタもロータリも傾き、勾配がますますキツくなる。

そこで、高いアゼ側の尾輪だけ取り付け位置を上げ、ロータリが右側だけ深く入るようにする。

トラクタは田面に合わせて傾くが、ロータリは水平になる。

四隅の先打ちで残耕減

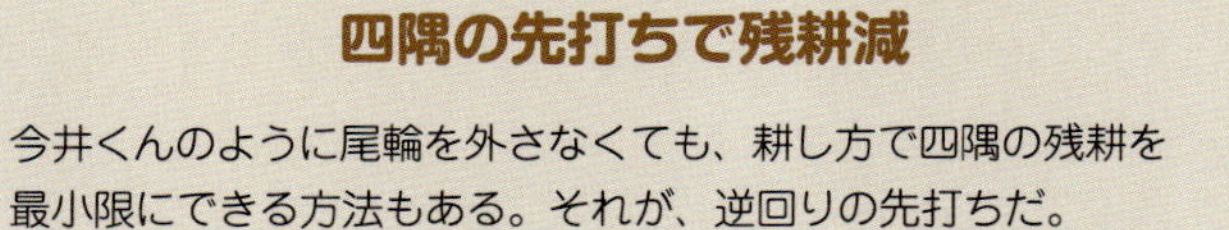

今井くんのように尾輪を外さなくても、耕し方で四隅の残耕を最小限にできる方法もある。それが、逆回りの先打ちだ。

先打ちしておけば…

あらかじめ逆回りで①～④を少し耕しておけば（先打ち）、残耕は四隅に少し残るだけ

外周1方向だけで耕すと…

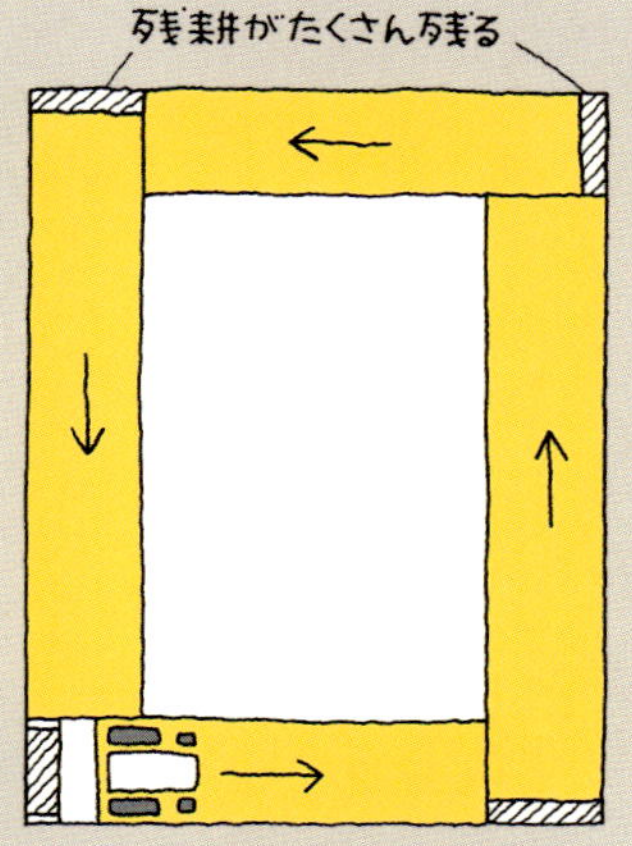

尾輪が付いているためにアゼ際に寄せきれず、残耕がたくさんできる

Q 四隅がどうしても高くなるんですが

均平板ブラブラで土が引っ張れてない

サ：四隅もずいぶん高くなってたねー。ほら見てみ。ここなんかアゼより高い。

今：ホントですね。四隅はいつも高くなっちゃうんです。いちおうこういうとこにも田植えはするんですけど、あんまり意味ないかもしれません。あとで草がいっぱい生えてくるんですよ。どうして高くなっちゃうんですかね。

サ：そりゃそうだよー。均平板ブラブラだもん。ロータリで後ろに飛ばす土をぜんぜん均せないから、四隅にぜーんぶ盛っちゃってるのよ。

耕耘後、四隅の田面がアゼより高くなってしまっていた

(K)

均平板の圧力調整で土盛りを残さない

均平板の圧力を決める加圧スプリング。ピンの位置が一番下だと、均平板に抑えがきかない

後ろに飛ばした土を均せずに盛ってしまう

土を均しながら耕せ、四隅に土が残らない。ただし耕深が深いと、均平板で押さえ込む土の量が多くなりすぎてトラクタに負担がかかり、燃費が悪くなってしまうので注意

今井くんのトラクタ（イセキ GEAS TG25F）基本データ

出力〔馬力〕(kw〔PS〕/rpm)		18.4〔25.0〕/2500
PTO 回転数 (rpm)	1速	561
	2速	720
	3速	1037
	4速	1246

（rpm：1分間当たりの回転数）

トラクタの説明書では、最高出力（馬力）が出るエンジン回転数を定格回転数といい、これを基準に PTO 回転数や車速などを表示している。たとえば今井くんのトラクタでは、定格回転数は 2500。その場合の馬力が 25 馬力（PS）で、PTO ギアを 1 ～ 4 速に変えると上の表のように回転数が変わる

メーターには、基準となる PTO 回転数 540 になるエンジン回転数のところに印がついている（31 ― 33、21 ― 29 はトラクタの型番。今井くんのは 25 なので下の印を見る）。これは PTO ギア 1 速のときの目安で、たいていは定格回転数に近い 2500 回転のあたり。PTO ギア 2 速にすると、もっとエンジン回転数は少なめで PTO540 回転近くになる

Q エンジン回転数とギアの決め方がよくわからない

エンジン回転数を定格より二～三割減、そこからPTOギアを決める

今：ギアとかエンジン回転数の決め方も、よくわからないんです。今は走行ギアは副変速「低速」で主変速「4」、PTOギアは「2」。とりあえず最初に機械屋さんが「耕耘ならこれくらい」って感じで教えてくれた通りにやってます。

エンジン回転数は、最初はアクセル全開でやってたんです。でも、そんなに吹かす必要ないんですよね？　基準がまったくわからないんです。

サ：まずは自分の持ってるロータリで狙った深さに耕すには、だいたい何馬力くらい必要なのかって考えんのよ。トラクタとセットで買ったようなロータリだったら、よっぽど条件悪い田んぼで深耕でもしない限り、エンジン全開でめいっぱい馬力出す必要なんてねぇから。エンジン回転数は、たいてい二～三割落としても大丈夫。メーカーさんは、なるべくいろんな条件に対応できるように無難な使い方を説明するけど、農家は自分の田んぼで狙った作業ができりゃいいわけでしょ。

そんでロータリを回すPTO回転数の基準は五四〇回転だから、PTOギアは、エンジン回転数に合わせて五四〇回転に近くなるのを選ぶ。

走る速さは、田んぼの条件によってぜんぜん違う

トラクタのエンジン回転数・馬力・PTO回転数などの関係（イメージ）

トラクタのディーゼルエンジンは、一定のエンジン回転数で作業を続けることが目的。高回転で大きな馬力を出す自動車のガソリンエンジンと違い、低回転域から高回転域までの馬力の差が小さい。またトルク（回転する力）も低回転域のほうが高く、エンストしにくい（粘りがある）のが特徴。だからこそ、あえて最大馬力で作業する必要はないというのがサトちゃんの考え

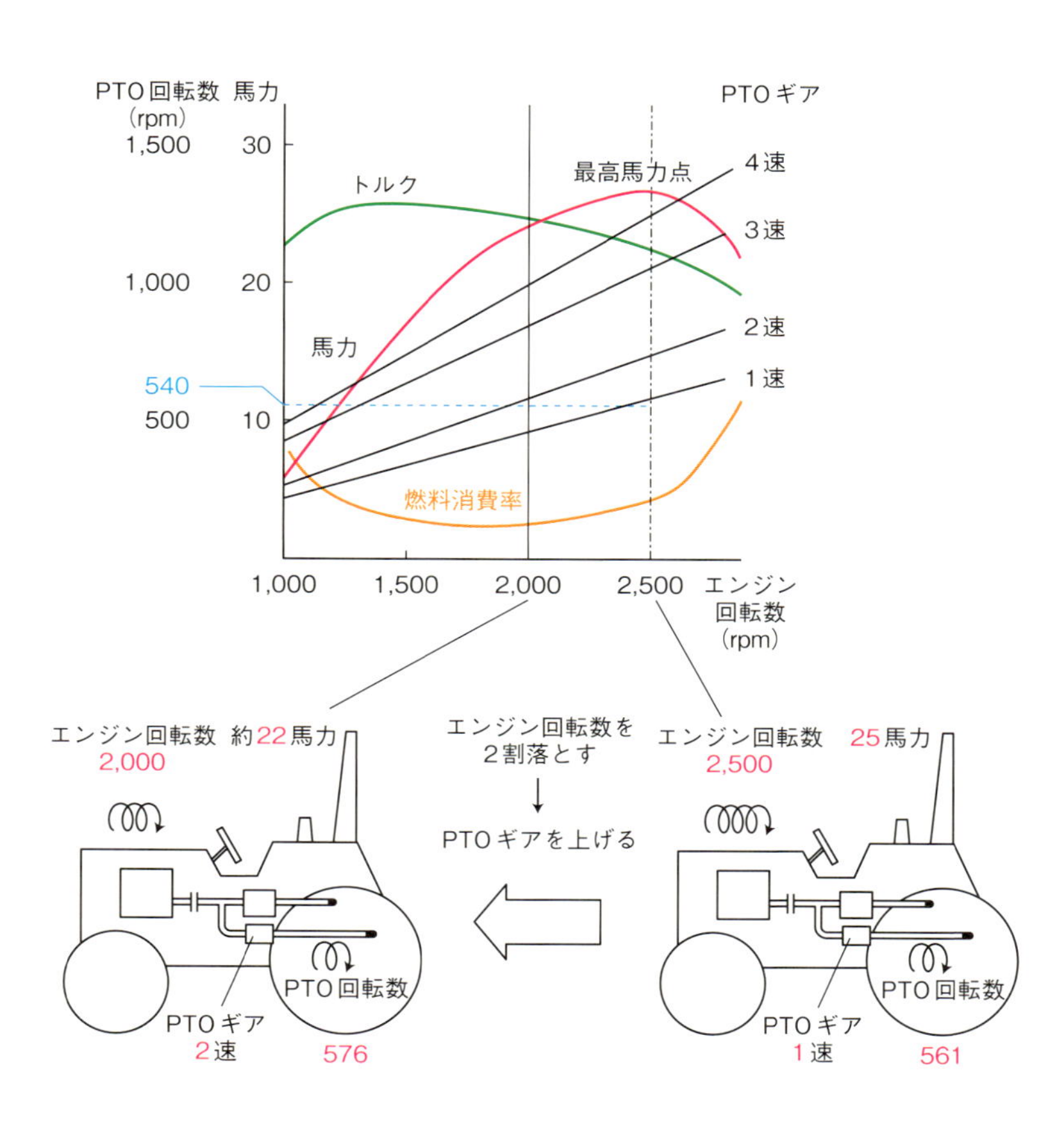

約22馬力で問題なく作業できる条件であれば、この設定でやったほうが燃費はよくなる

車速表

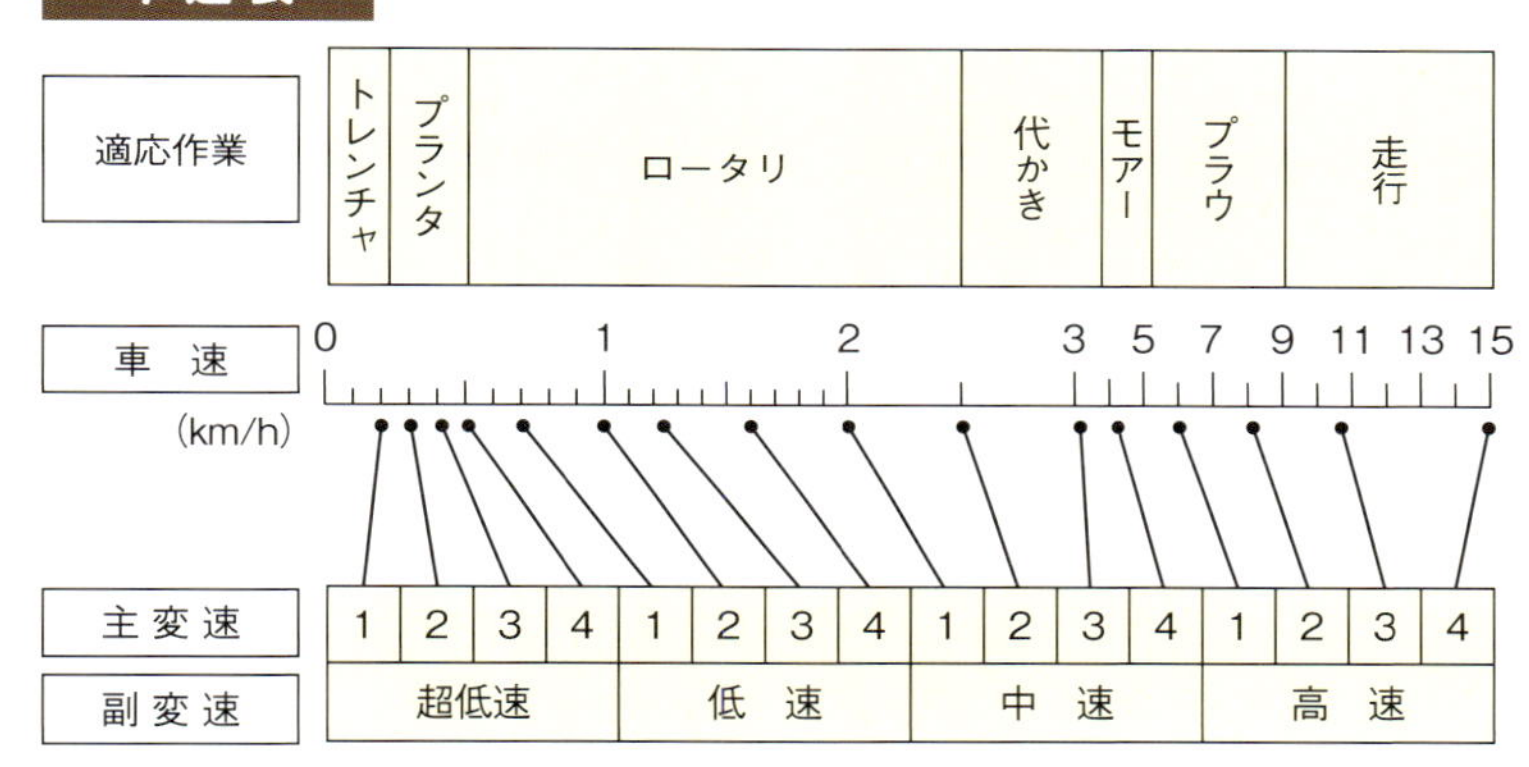

トラクタの座席横などについている車速表。定格回転数で作業した場合、それぞれの走行ギアを選ぶとどれくらいの速度になるかが一目でわかる。耕耘なら上の「適応作業」の「ロータリ」の範囲になるギアを選ぶのが基本。たとえば副変速「低速」で主変速「4」なら車速は1.6km/h。ただし、これはあくまで目安。ぬかるんだ田んぼで作業したり、深く耕したりしながらでは大きな力が必要な分、同じギアを選んだとしても車速はそこまで上がらない。もっと低速のギアを選んだほうがエンジンへの負担は少ない

よ。乾いたとこならどんどん速くできるけど、湿ったとこではエンジンに負荷がかかるから速度はそんなに上げられない。だから走行ギアは、作業しながらエンジンに負荷がかかって音が下がらない範囲ではどんどん上げて、上限の一つ下の段にするってのが基本。

要するにエンジン回転数とPTOギアは作業機に合わせて決めて、田んぼの条件に合わせて走行ギアを上げることで燃費と作業効率をよくしていくってわけよ。「ギアはこれ」って決めちゃっていつも最大馬力で作業して、遅く感じるとさらにエンジン吹かしてる人もいるけど、おっそろしく燃費悪くなるよ。編

＊二〇一〇年十一月号「サトちゃんに聞く　トラクタ・ロータリの基本Q&A」

がんばってね

なんとかやれそうです

耕耘・代かき 名人になる

トラクタ名人 サトちゃんの技

耕作くん。『現代農業』2006年1月号からの連載「サトちゃんと耕作くんの稲作作業『運命の分かれ道』」でサトちゃんに稲作作業を教わっていた脱サラ農家

サトちゃん

耕作くん：サトちゃん、どうもお久しぶり！　俺だよ、耕作。

サトちゃん：あれ、耕作くん!?　しばらく見ねぇうちに完全に農家の顔になったね～

耕：まぁね！　初めてサトちゃんに教わってからはや一〇年。俺も一番弟子として恥ずかしくないように頑張ってきたもん。

サ：一番弟子にした覚えはねぇけどな。でも、この前チラッと田んぼ見たよ。なかなかキレイに耕してたじゃないの。

耕：相変わらず、飴とムチのようなお言葉……。そりゃあこの一〇年、サトちゃんに教わった技を自分なりに実践してきたからね。最近じゃ、近所の若手農家に俺が教えたりもしてるんだよ。

サ：お、たいしたもんだね～。俺もあれから全国いろんな人のところ行ってトラクタ乗ったけど、みんな結構もったいねー使い方してんのよ。トラクタの能力ちゃんと使えてねーのな。俺のやり方がすべてってわけじゃねーけど、耕作くんみたいに何か考えるきっかけになったら嬉しいねぇ。

耕：なるなる。俺、今でも仕事するたびに思い出してるよ。ちょうどよかった、サトちゃんの技、若手に伝えるためにまとめてみたんだ。ちょっと見てくれない？

サトちゃんの

儲かる耕し方、3大ポイント

耕盤にはこんなに段差が。こんな耕し方では、代かきも田植えもガタガタ傾いて苦労する

かつての耕作くんの耕耘あと。念入りに均し、一見平らに見える。でも、列の境目を掘ってみると…（倉持正実撮影、以下も）

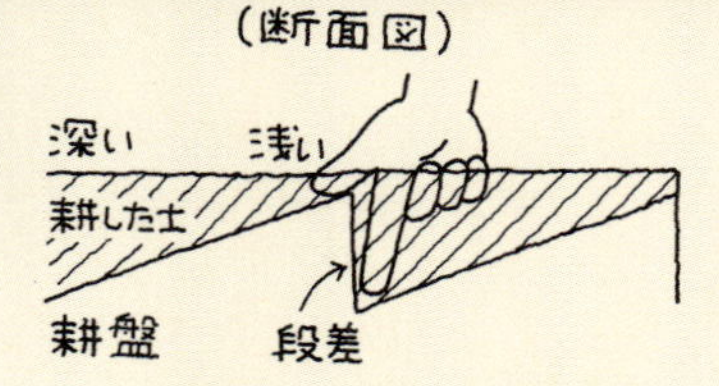

その1 耕盤真っ平ら

サトちゃんが考える耕耘の目的は、平らな耕盤をつくること。耕盤を真っ平らにできれば、代かきも平らにできて水管理がラク、田植えもまっすぐキレイに浅植えできるから、苗の活着もスムーズといいことずくめ。

その2 浅起こし

耕盤真っ平らが目的なら、耕す深さは10cmで十分。浅起こしも深起こしも、イネの根が張る深さは変わらない。それなら浅起こしにして浅植えしたほうが田植えはラクだし苗の活着もいい。ロータリの爪も減りにくいし、トラクタや田植え機も走りやすくて壊れにくい。

耕深10cmの浅起こし

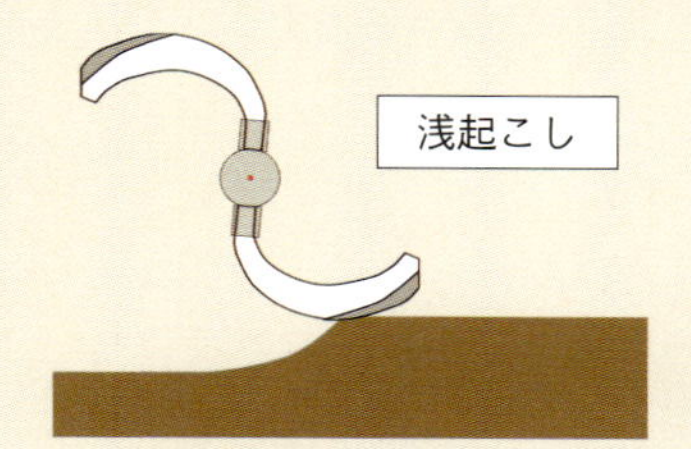

爪先端の厚くなった部分が土に当たるから減りにくい

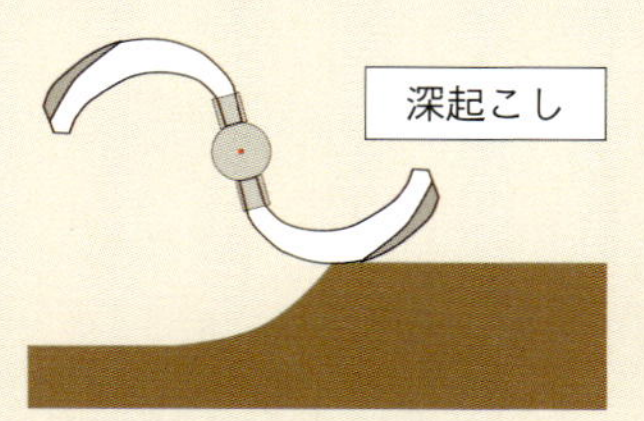

付け根近くの薄い部分が土に当たり、爪の摩耗が早まる

その3 効率アップ＆低燃費

浅起こしなら、エンジンへの負荷が少ないから作業が速いし、燃費もいい。さらにトラクタの能力をムダなく使えば、作業時間も燃料も一般的な耕耘作業の半分以下でできる。

サトちゃんは、10分間で5列目に突入。2倍以上のペースで耕耘

燃料は、同じ1反でたった1.5ℓしか使わなかった

かつての耕作くんは、10分間で2列のペースで耕耘

トラクタの燃料満タンで耕し始め、1反終わった時点で給油。約3.8ℓの燃料を使っていた

傾かないコースどり

フルオートの最新鋭トラクタでも、耕耘あとに何度も入って耕していたら、深起こしになったり傾いたりで耕盤はデコボコになる。田んぼとロータリの幅をキッチリ測り、何列耕せばいいか計算したうえで、なるべく耕耘あとにタイヤを落とさないコースどりを決めてから耕せば耕盤真っ平らにできる。

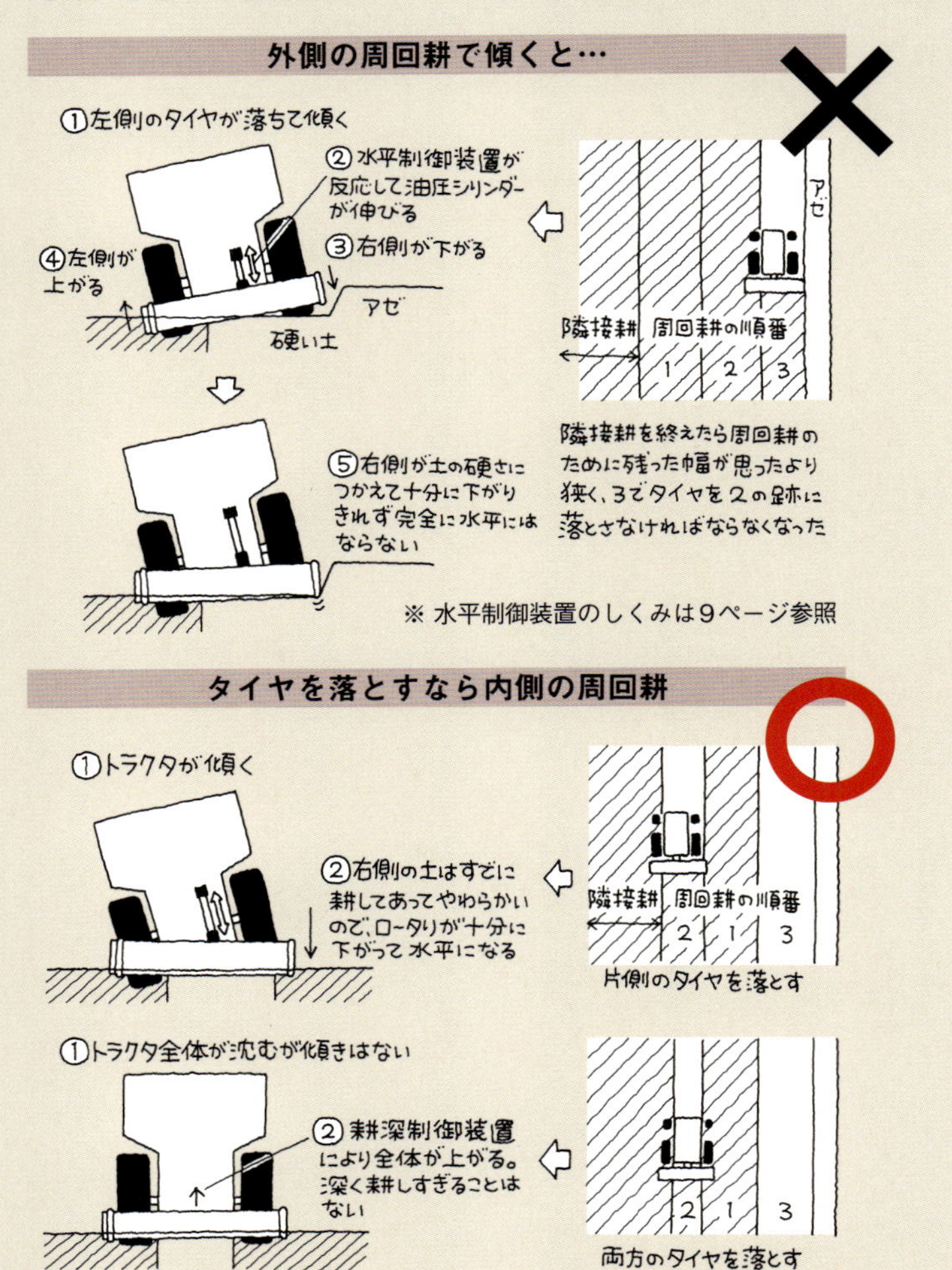

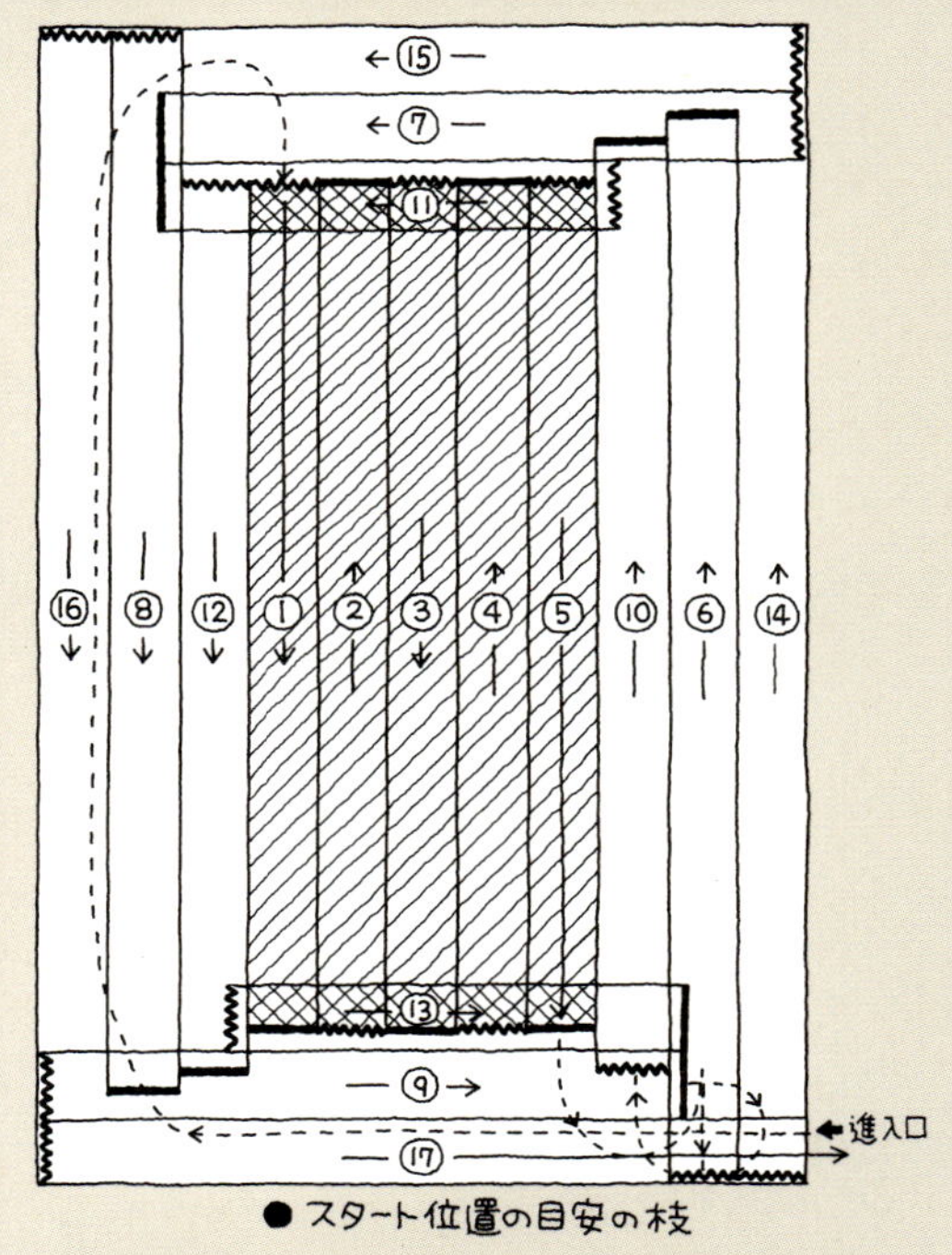

内側は隣接耕、外側を周回耕で仕上げる。周回耕は、一番外側の列に左右ともタイヤを落とさない幅を十分残し、最後に耕すとアゼ際の耕盤も傾きにくい

試し掘り

耕す深さは、毎回必ず「試し掘り」して決める。オートの耕深制御付きトラクタでも、土の状態によって深さはまちまち。作業を始める前、数m耕したら必ず自分の目で深さを確認し、耕深調節ダイヤルを微調整、目標の10cmにキッチリ合わせてから耕していく。

耕深調節ダイヤル

試し掘りで耕深を測る

振り向かない

コースどり、耕す深さを最初に決めたら、あとはひたすらまっすぐ前の目標を見つめて運転する。振り向いたらダメ。すぐ列が曲がって残耕ができ、コース通りに耕せなくなる。

これでは必ず曲がる。後ろが気になったらサイドミラーで確認する

四隅の3秒ルール

手作業での手直し要らずで四隅まで平らにする耕し方。アゼ際ギリギリまでロータリを寄せたら、停止状態で爪だけ回し、3秒数えてからゆっくり走り出す。耕盤はもちろん、細かくした土を均平板でしっかり抱えて均せるので、見た目にも真っ平らな四隅にできる。

アゼ際ギリギリにロータリを寄せ、停まったまま爪だけ回して1、2、3

ゆっくり走り出す。均平板の押さえをしっかりきかせておくこともポイント

270度ターン

周回耕のときは、アゼの手前でグルッと270度回って次の列へ。切り返し不要、ブレーキを強く踏まなくていいので土寄りも少ない

低燃費・高速耕耘法

トラクタの能力をムダなく使い、燃費も作業効率もアップさせる運転の仕方。じつは、ロータリでの耕耘作業にそれほど大きな馬力は必要ない。エンジン回転数を最高馬力が出る定格まで上げて運転するのはムダが多い。そこで、エンジン回転数を2～3割落として運転。さらに、エンジンに負荷がかかって音が下がる一歩手前まで主変速のギアを上げ、余った馬力を使い切って車速も速くする。

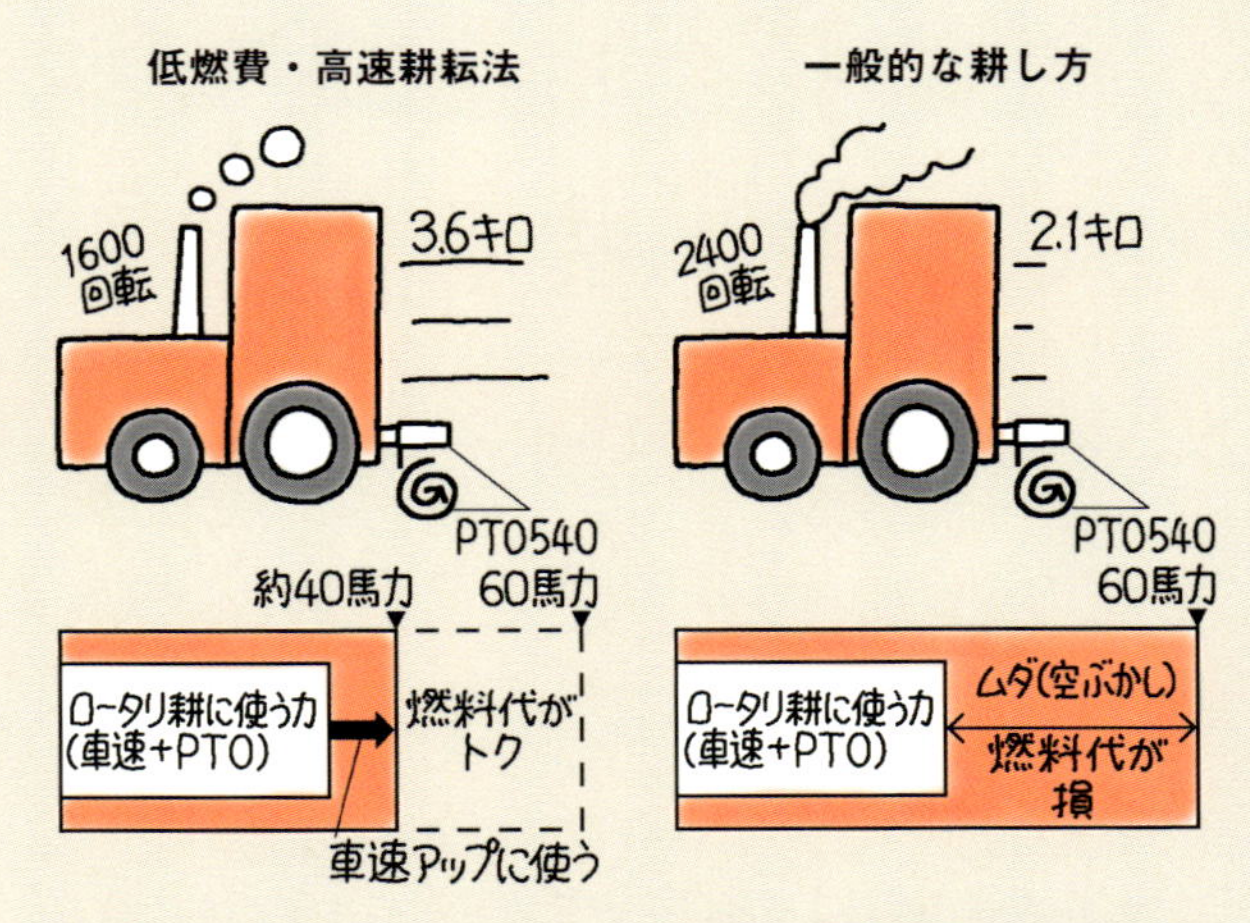

60馬力のトラクタ（定格2400回転）での低燃費・高速耕耘法

スムーズ旋回

バックの切り返しなしでクルッと旋回。作業時間が短縮でき、タイヤでの土寄りも少ない旋回法。

サトちゃんは、4駆のトラクタでもたいてい2駆設定にして使う。前輪にかかる力が少ない分、小回りしやすくなるので切り返しなしでターンでき、土寄りも少ない。後輪の片ブレーキは踏みっぱなしでなく、踏んだり離したりを繰り返す（ポンピング）のが、タイヤで深掘りしないコツ

＊ 2006年5月号「耕耘・代かき名人になる！」ほか

燃料3割減、爪長持ち

低燃費・高速耕耘法、心得た！

愛媛・井上裕也

右から筆者、近所の若手農家・井関晃平さん（コウヘイくん）、中野聡さん、梶原雅嗣さん（倉持正実撮影、以下も）

トラクタ歴二〇年、だけど…

本格的に農業を始めて四年目を迎えた三九歳の新米農家です。わが家は代々農業をしており、子どもの頃から農業機械や農作業には親しんできました。その経験が生きていることは多くあります。

その一つがトラクタ。農作業をする男なら誰もが憧れや、特別な思いを抱くものではないでしょうか？ 私もその一人です。トラクタを運転し始めたのは高校を卒業して、自動車免許を取得してからです。トラクタ歴は二〇年近くになりますが、三五歳までは福祉法人で介護職などをして働いていたため、農繁期の忙しい時期に数日だけ、耕耘や代かき作業を手伝っている程度でした。

その頃は深く考えることもなく、エンジン回転数を定格（最高馬力が出る回転数）まで上げて、主変速は3か4にして、PTOギアは1、耕深ダイヤルは3や4に設定して……というように、親の指示通りに作業をしていただけでした。

しかし農業を生業にすると決め、年間一〇〇時間くらいトラクタ作業をするようになると、もともと少しヒネくれている自分は「もっと他によいやり方があるのではないか？」と思うようになりました。

自分の地域を見渡す限り、ほとんど同じ耕耘スタイルでやっている方ばかり。同じ地域とはいえ、圃場の条件もトラクタの性能も違うはずなのに、作業の丁寧さを除くと、やってることは大差

低燃費・高速耕耘法の実力は

この日は、一番の若手コウヘイくんに低燃費・高速耕耘法を伝授すべく、16aの田んぼで同じトラクタ〔クボタMZ605（60馬力）、ロータリ：クボタRD220Z（幅2m20cm）〕を使って耕し比べをしてみた

エンジン回転数：2400回転（定格）
PTOギア：1（約540rpm）
車速：時速2.1km
（主変速：3～5、副変速：ロー）

1列（約84m）に4分20秒かけてゆっくり慎重に耕すが、エンジン音は大きい。隣接耕がうまくいかず残耕が出てしまった

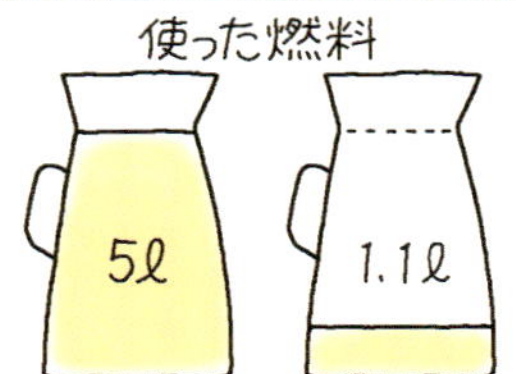

使った燃料：**6.1ℓ**
（30分ほどのアイドリング時間を含む）
かかった時間：**45分13秒**

エンジン回転数：1600回転
PTOギア：2（約540rpm）
車速：時速3.6km
（主変速：6～8、副変速：ロー）

使った燃料：**2.1ℓ**
かかった時間：**23分25秒**

エンジン音は静かだが、かなり速い。1列耕すのにかかった時間はコウヘイくんの半分、2分20秒。旋回もスムーズだ

ない。そのことを不思議に思い、様々な情報を収集しようと思いました。

深起こしより、浅起こしのほうがトク

世の中はネット時代。いろいろと調べていくなかで出会ったのが、福島県で営農しているサトちゃん（佐藤次幸さん）の著書『イネつくり作業名人になる』（農文協刊）でした。稲作に関わるおおむねすべての作業のやり方が詰まった一冊で、なかでもサトちゃんの耕耘法「低燃費・高速耕耘法」に興味がわきました。

低燃費・高速耕耘法は、耕深一〇cmの田づくりをすることで、耕耘時のトラクタの負荷を減らし、高速で作業ができ、なおかつ爪も長持ちさせられる――。簡単にいうとそんな感じです。

昔から「一寸一石（三cm深く耕すと、反収が一五〇kg上がる）」といわれています。それが間違いだとは思いませんが、通常の標準ロータリの性能や作業負荷を考えると、そんなに深くなんて耕せません。せいぜい一五cm程度です。今まで教わったやり方でもそうでした。

低燃費・高速耕耘法を実践してみると、深く耕すよりも、五cm浅く耕すことで得られるメリットのほうが大きいと感じました。

燃料三割減、耕耘爪は二倍長持ち

現在使っているトラクタは、クボタKL33（三三馬力）とクボタMZ605（六〇馬力）の二台です。

爪が長持ち

新品の爪。浅起こしにすると、爪の厚く盛られた部分（指差しているところ）で耕すので、交換回数が少なくてすむ

筆者の低燃費・高速耕耘法で30ha耕した爪を見てびっくり

約30ha耕したあとだが、まだ爪を交換しなくてもよい

どちらのトラクタでも、耕深を一〇㎝にして浅く耕耘してみましたが、一五㎝でやっていた頃と収量は変わりませんでした。私の地域では乳白米などの高温障害の心配もあります。高温障害は耕深が浅いほど出やすいといわれていますが、水のかけ流しや深水管理をして水温を下げてやることで、おおむね回避できました。

そして、なんといってもトラクタの負荷が軽いこと。浅起こしだとエンジン回転数を三割落として作業しても、まったく問題はありませんでした。

エンジン回転数を三割落とすと使用燃料も三割近く節約できました（年間一四〇〇ℓが一〇〇〇ℓに減少）。また浅起こしだと、ロータリの爪でいちばん耐久性の強い場所を使って耕すので、爪が長持ちしやすく、爪の交換の回数が半分近くに減りました。爪の交換って、本当に大変ですからね。交換時間を労賃に含めると、かなりの節減効果です。

作業もラクで機械も長持ち。お財布にも優しいとなれば、やらない理由はありませんよね。

ロータリ幅一〇㎝につき一馬力使うイメージで

私のやり方、考え方は以下のとおりです。

ＭＺ６０５のエンジン回転数を定格の二四〇〇回転から三割落として、約一六〇〇回転で耕耘。六〇馬力のトラクタを、四〇馬力程度で使うイメージです。

● 私の低燃費・高速耕耘法のやり方 ●

その1 エンジン回転数を目標の1600回転より50～80回転上げてスタート

PTOを駆動させてロータリを地面に下ろすと目標の1600回転（定格は2400回転）を下回るので、スタート時のエンジン回転数は目標よりも少し高めに設定。

エンジン回転数を目標の1600回転より少し高めにセット

その2 PTOギアを1段上げる

エンジン回転数を下げると、PTOギア1のままではPTO回転数が340前後まで下がるので、540回転前後になるようにギアを1段上げる。

試し掘りしたらトラクタから降り、必ず目視で耕深10cmを確認

その3 耕深10cmになるまで試し掘り

ロータリを下ろし、最低速の主変速1（副変速はロー）で数m耕耘。ロータリを上げ、トラクタから降りて耕深をメジャーで確認。10cmになるまで耕深調節ダイヤルを微調整。

その4 耕耘しながらシフトアップ

主変速1速で耕耘開始、シフトアップしていく。負荷が大きくなってエンジン回転数が1600を割り込んだら、シフトを1段戻し、その車速で耕していく。たいていの圃場で、主変速8段階のうち8（時速3.6km）まで上げられる。車速は以前の1.5～2倍。

エンジン回転数が1600回転を割り込む直前（8速）までシフトアップしていく

旋回するときは…

❶ 8速から6速にシフトダウン

❷ 前輪がアゼから1m手前になったタイミングで、ロータリを上げ、旋回

❸ 左前輪が耕したところに乗ったら、すぐにハンドルを戻し、条合わせ（耕したところにロータリが10cm入る程度）

❹ 6速から8速にシフトアップ

1m

さらに効率アップ、四隅まで真っ平らにする技

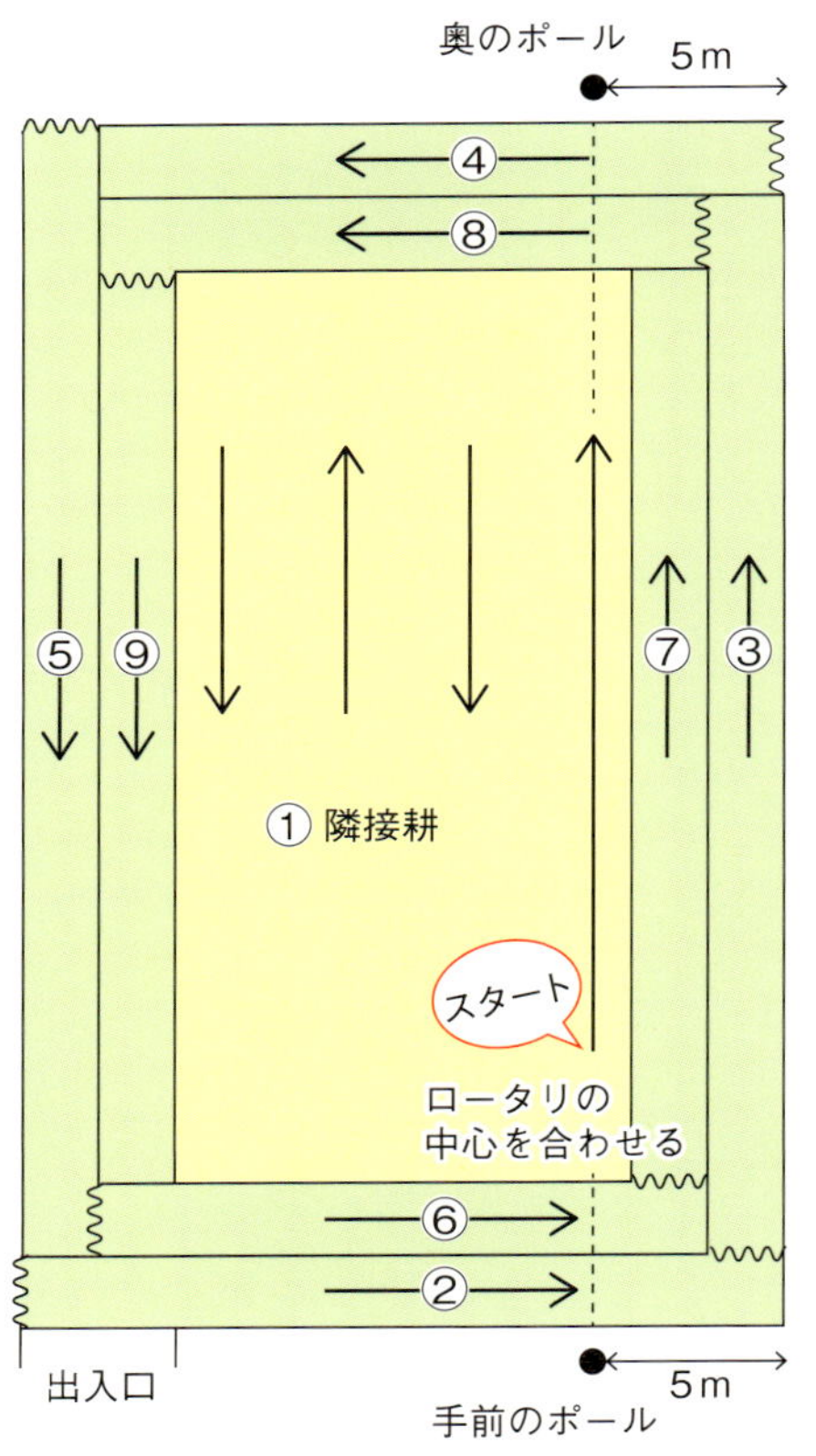

短辺は16m。耕耘幅2m20㎝のロータリで両側10㎝ずつ重ねると1列は2mなので、8列耕せばムダがない。隣接耕を2往復、周回耕を2周すればピッタリ。小さいトラクタでロータリの幅がもっと狭い場合、周回耕は3周で計算する

両辺に2mの測量ポールを刺して目印にする（今回は5mの位置）。手前のポールにロータリの中心を合わせ、奥のポールを目がけて直進すればまっすぐ耕せる

ロータリは耕深一〇㎝程度だと、ロータリの長さ一〇㎝に対して一馬力程度を使っている感じです。MZ605には二m二〇㎝のロータリを付けているので、二二馬力程度で作業をする計算です。

残りの一八馬力は車速に回します。主変速を上げ、一六〇〇回転を割り込まないスピードまでシフトアップしたところが、ムダなくトラクタの馬力を使い切ったときの車速と考えます。

ちなみにMZ605の場合、この辺りで多い粘土質の圃場を耕耘するときは主変速が最大の八速、時速三・六㎞ぐらいで耕せるところがほとんどです。

PTO回転数はエンジン回転数とともに落ちるため、PTOのギアを一段上げて2にします。エンジンが二四〇〇回転だとPTOギア1で約五四〇回転ですが、エンジンを一六〇〇回転まで落としてもPTOギアを2に上げることで、五四〇前後になります。

砕土はドライブハローに任せる

低燃費・高速耕耘法では、耕耘後の土塊が大きくなります。私の地域ではそれがよしとされず、代かき前の荒起こしでは、エンジンを高回転にしてゆっくり走り、土をより細かく仕上げるのがふつうです。しかし、それはあまりにも機械の性能を知らなさすぎだと感じます。燃料をムダにしたうえ、土を練り過ぎる可能性があります。

そこで活躍するのが、代かき用のドライブハロー。土塊を砕土する能力は通常のロータリより優

四隅の
土寄り防止に
「3 秒ルール」

ロータリをアゼ際に寄せたら、停止したまま3秒間耕し（正転）、ゆっくりスタート。砕土した土を均平板でしっかり押さえて引っ張れるので、四隅に土が寄らない

高速旋回

ロータリをほとんど上げずに旋回。速い！

高さ制御を
低めに設定

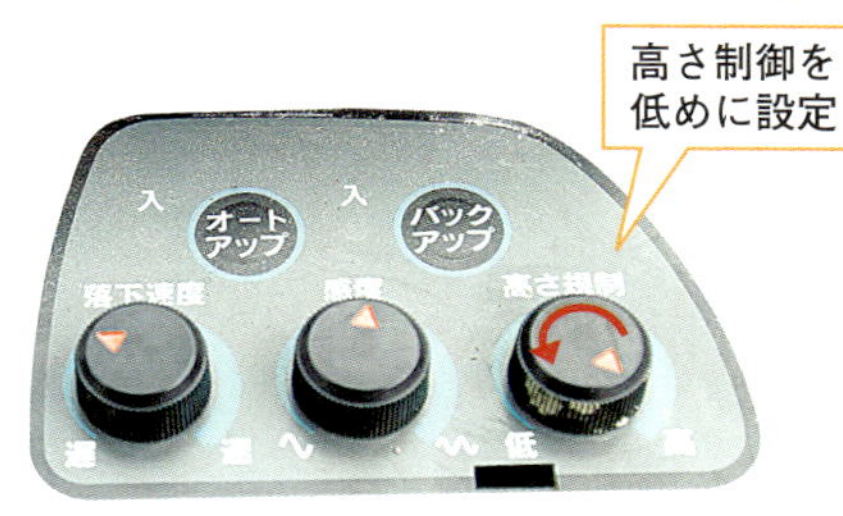

自動制御のあるトラクタでは、コントロールパネルでの高さ規制を低めに設定しておくと、作業機昇降スイッチ（ポンパ）でロータリを上げるだけで上の写真の高さになる

れ、なおかつ作業幅が広く、砕土性に優れた爪がついています。作業機には得意な仕事が必ずあります。土塊を小さくするのはロータリではなく、ドライブハロー！　サトちゃんもそう言ってます。

低燃費・高速耕耘法で大きめの土塊になっても、しっかりと土に吸水させて代かきすることで、田面を十分にトロトロにできます。

低燃費・高速耕耘法、仲間に広がる

最新のトラクタには、クボタの「eクルーズ」のような低燃費のオート機能が備わっています。しかし、新しいものにすぐ買い換えることができないのもトラクタです。

また、低馬力帯のトラクタでも自分の腕しだいで低負荷な作業が可能です。必ずしも三割にこだわることなく、一割でも二割でもエンジン回転数を落とすことで低燃費になります。

さらに細かい話は、佐藤次幸さんの著書やDVDが発売されているので、そちらをご覧になれば、より詳しくわかります（64ページ参照）。

私のブログ（「農道まっしぐら」で検索）では、ロータリ耕耘シリーズとして自分のやり方を記事にしています。このシリーズは、ブログを通じて交流していた若い人たちや、地元の若手にも反響がありました。興味がある方は見ていただければ幸いです。

たいした農業者ではありませんが、みなさまの一助になりましたら幸いです。　　**（愛媛県西予市）**

＊二〇一五年五月号「低燃費・高速耕耘法、心得た！」

マンツーマン指導の末、最初の倍の面積（32ａ）を耕した結果は…
使った燃料：5.4ℓ
かかった時間：42分20秒
２倍の面積なのに、燃料もかかった時間も最初より少ない！

頼れる
新オペレーター
誕生！

サトちゃんの技、効果実感

燃料代半減、ストレスもめっちゃ少ない

滋賀県東近江市・建部堺町営農組合

DVD「イナ作作業名人になる！ 春作業編」をオペレーターみんなで見たのがきっかけでサトちゃんの耕耘法を取り入れた建部堺町営農組合では、翌年からトラクタ作業で使う軽油の量がいつもの半分になった。

建部堺町営農組合の面々。前列右端が込山和広さん、後列右端が小寺良和さん（倉持正実撮影）

「そら、みんな驚いてはりましたわ。だって、実際にやったことといえば、オペレーターみんなでトラクタのエンジン回転数を落としただけやもん」という呼びかけ人の込山和広さん。それまで全開の二八〇〇回転とか二五〇〇回転だったエンジン回転数を一八〇〇回転まで落とした。

中でも一番驚いていたという会計の小寺良和さんの話ではこうだ。

「これまで、四〇馬力のトラクタなら一時間の作業で軽油二ℓを使うとして計算してました。でも、その年の田植えを終えてからまとめてみると、一時間で一ℓしか使ってないんです。帳簿をつけ忘れたか、それともサボッて半分しか耕してないか、どっちかやと思いました」

組合のトラクタを使って作業する田んぼは毎年二〇ha。その年も同様の面積だったが、年間一六〇〇ℓ使うはずの軽油が八〇〇ℓに半減した。軽油代にして約八万円減らせたことになる。

込山さんによると、よかったのは軽油代のことだけではないようだ。

「エンジン全開で田んぼを起こしてると、トラクタの中は工事現場のド真ん中みたいにうるさい。いままではそれが当然やと思ってたけど、回転数を落としてからはスーッと静かーになってラジオの音がクリアに聞ける。鼻歌混じりで運転するのは気分がええもんで、乗ってる人のストレスがめっちゃくちゃ少ないんです。振動も少ないし肩も凝りにくい。それと、これはまだ目に見えて効果が出てるわけやないけど、トラクタ自体の負担も少ないはずや」

＊二〇一二年三月号「エンジン回転数を下げて八万円節約」 編

二〇馬力トラクタでも燃料四〇%減

岡山県真庭市・西山広視さん

四三aの田んぼをつくる西山さん。地名が「深町」というくらい、粘土質の湿田が多い地域だが、イネの生育や米の収量に耕す深さは関係ない。浅いほうが燃料も食わないし、爪も減らなくてすむ。以前からそう実感していたので、「エンジン回転数を落として浅起こし」というサトちゃんの提案を読んで、すぐやる気になった。

トラクタは、二〇年ほど前に中古で買ったヤンマーの二〇馬力。以前は、定格回転数の二五〇〇回転くらいで耕していたのを一六〇〇回転に。ロータリはPTO1速のままだ。当然、爪の回転は遅くなるが、耕耘は、暮れに行なう荒起こしに始まり、代かきまでに三回やることもあって、土塊が粗くて困るようなことはなかった。

エンジン回転数を一六〇〇回転に落としても、車速のギヤは変えていない。ただ、もともと浅起こしのときは、深起こしのときより一段上げていた。

「トラクタは二五〇〇回転で使うのがあたりまえと思っていた」と西山さん。それを一〇〇〇回転近くも下げたことになるが、浅起こしということもあってか、作業や仕上がりに支障はなかったようだ。やはり低燃費効果は明らかで、同じ面積を耕すのに使う燃料は四〇%くらい減ったという。　編

*二〇一二年三月号「低燃費実現、爪も長持ちしそう」

畑でも浅起こしやってます

埼玉県川越市・飯野芳彦さん　早川和孝さん

飯野：野菜の若手農家グループで、五年前くらいから畑でも浅起こしでやってます。浅起こしがいいって思うようになったのは、『現代農業』でも取り上げていた「土ごと発酵」の考え方を知ってからですかね。収穫残渣とか緑肥とかも、一生懸命深くうない込んでたときは嫌気状態で土がドブ臭くなってたけど、なるべく表層近くに微生物のエサになる鶏糞と一緒にすき込むようにして、畑が明らかに変わりました。好気的に発酵してうまく分解するようになって、いい野菜がとれるようになりましたね。土は森林土壌の香りしますよ。

早川：サトちゃんの記事で目から鱗だったのは、エンジン回転数を落とす話。浅起こしはすでにやってたけど、エンジン回転数を下げていいなんてこれっぽっちも思わなかった。五一馬力のトラクタに二m幅のロータリをくっつけて、前に使ってた三一馬力のときと同じようにエンジン二五〇〇回転で使ってたんだけど、耕深一〇㎝の浅起こしするならそんなに馬力必要ないんだよね。試しにエンジン回転数を一五〇〇まで落としてやってみたら、PTO1速のままでも仕上がりはほとんど変わらなかったからもうビックリ。そもそも、うちみたいに軟らかい火山灰土の畑でロータリをブン回したところで、燃料のムダ使いになってただけなんだよ。　編

*二〇一二年三月号「トラクタ野郎の技自慢大会」

川越市の若手農家グループ。右端が早川和孝さん、左から2人目が飯野芳彦さん（倉持正実撮影）

サトちゃんが農業少年にアドバイス

オート機能の「敏感モード」初体験

茨城県つくば市・中島裕也くん、サトちゃん

農道で語り合うサトちゃんと裕也くん
(倉持正実撮影、※以外すべて)

トラクタは小学校低学年のころから運転している。愛車は7〜8年前にお父さんが買ったヤンマーEF334V(34馬力)、ロータリRCS18(幅1.8m)

『現代農業』トラクタ関連の特集はもちろん、DVDシリーズ『イナ作作業名人になる!』などを何度も見て、サトちゃん(佐藤次幸さん)のトラクタ使いこなし術をわがものにしてきた、恐るべき農業少年、中島裕也くん(一六歳)。

中学卒業を目前に、憧れのサトちゃんと一緒に田んぼを耕してみるという企画が実現。まずは裕也くんのお手並み拝見。やや緊張気味だったが、田んぼを耕してもらった——。

運転は合格、でも作業機は…

サト:いやー速い! 音も深さもちょうどいいんじゃねーの。それに、ふつうこんなにまっすぐいかない。おそらく、トラクタのセンターマークとアゼ際の目標、その延長線上にも目印を決めて、三点を見ながら運転してるはず。うまい! たぶん俺よりうまい。合格!

(トラクタ止めて)

取材班:裕也くん、今日の運転はどうだった?

裕也くん:うん、まぁまぁっす。いつも通りですね。

サト:へ〜たいしたもんだ。じゃあ、今度は俺もちょっと走らせてから、気づいたことを言ってみるか。

(サトちゃん二列耕耘後)

サト:うん、さっきも言ったように運転はまったく問題ないけど、作業機の使い方は改善点がありそうだな。試しにロータリで耕した深さまで土を掘って、耕盤を見てみようか。

わっかるかなぁ? 微妙に山と谷ができてるだ

運転席の股下にある油圧の落下速度を調整するダイヤルを回せば、簡単に上げ下げのスピードを変えられる

スコップで耕盤の深さまで掘ってみた。微妙だが、スコップの持ち手の位置が谷になっていて、先に向かって山ができていた

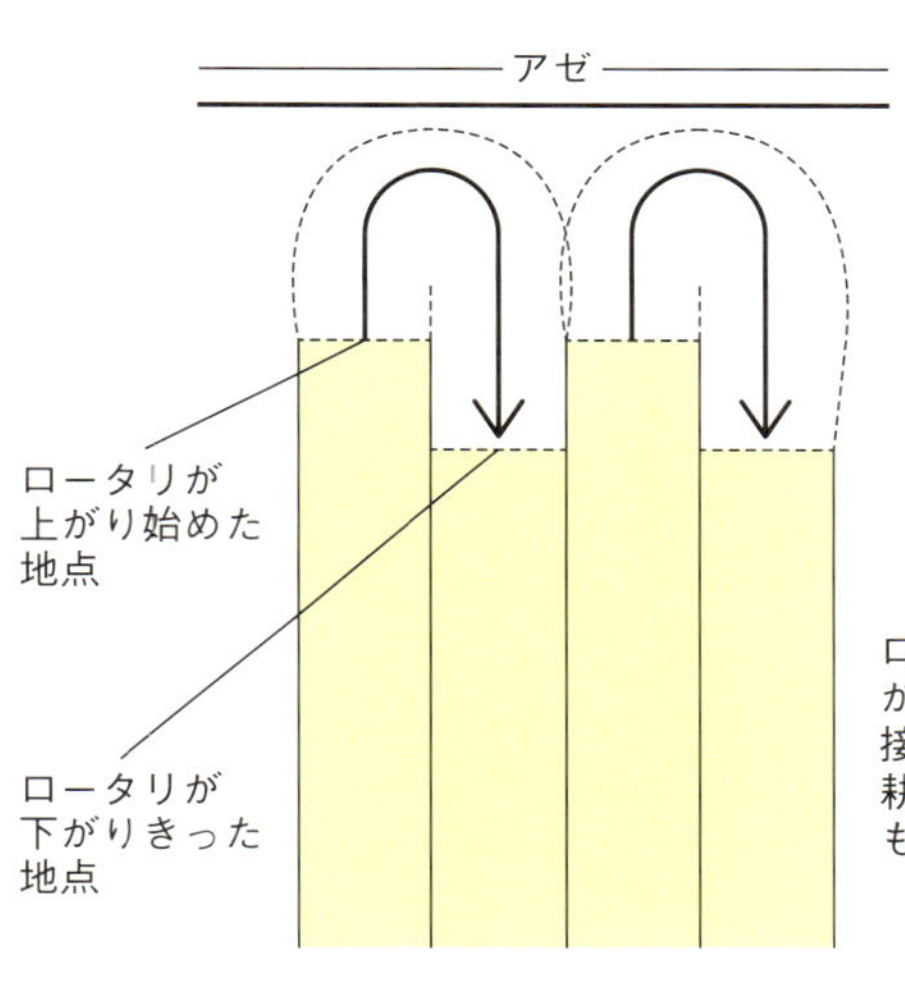

ロータリが下がる速度が上がるときよりも遅いと、隣接耕の端が揃わない。周回耕を2周でいけるところも、3周必要になってくる

ろ。これ、どういうことだと思う?

裕也くん:???

取材班:???

サト:トラクタってのはさ、動力を伝えるだけで、仕事はしないのよ。仕事するのはこっちの作業機。作業機のセッティングはあまりやってないみたいだから、これから確認してみようか。

ロータリが下がる速度が遅かった

サト:まず、お父さん、ロータリをワンタッチの昇降スイッチで上げ下げしてもらえる? 裕也くんの作業時に合わせてエンジン回転数は一八〇〇回転で。

――裕也くん、どう? 上がるのと下がるの、どっちが遅い?

裕也くん:下がるほう。

サト:うん、下がるほうが遅い。するとどうなる?

裕也くん:端っこが残ってくる(上図)。

サト:そう! これじゃあ、旋回するとき残耕ロスができんのよ。このトラクタの大きさなら、周回耕二周できっちりいけるところが、三周必要になっちゃってるでしょ。その原因がこれ。上がる時より下がる時のスピードを若干速くすると、旋回時に端っこもビシッと揃って効率よく作業できるよ。

オート機能がきいてなかった!

サト:あと、オートの耕深制御装置がちゃんと働

自動耕深制御装置の動作をチェック

均平板の加圧スプリングをはずしてから、手で押し上げる。オートの耕深制御が作動していれば、どこかのタイミングでロータリが上がる

裕也くんがしていた設定

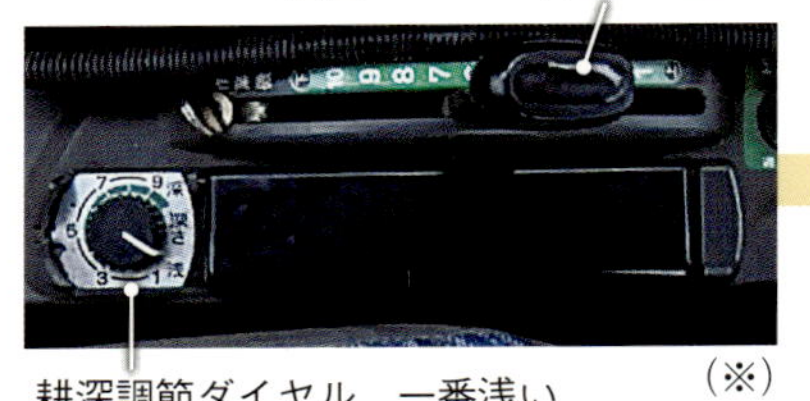

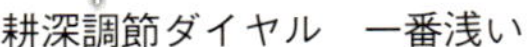

(※)

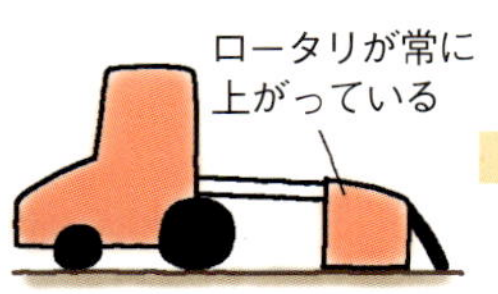

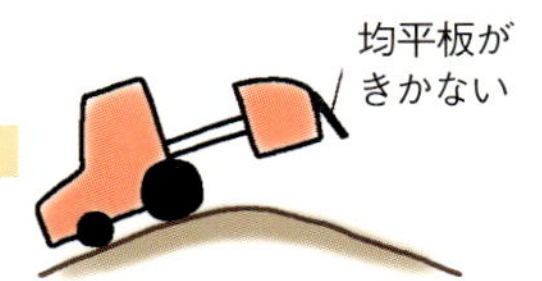

油圧レバーでロータリを手動で上げておくことで、耕深を浅めにしていた。これだとトラクタが前屈みになったときはロータリが下がらず、均平板が田面から離れる。耕深制御も働かず、極端な浅起こしになってしまう

自動耕深制御をちゃんときかせる設定

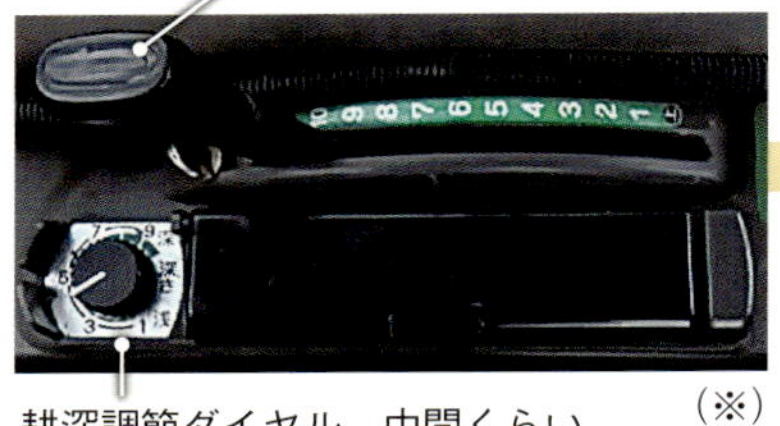

(※)

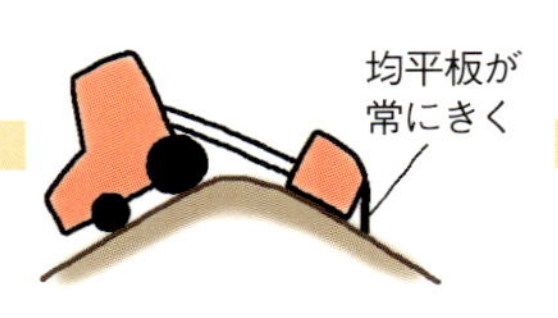

油圧レバーは一番下とし、ロータリを下げ切ることで、どんなデコボコの田面でも均平板が常に土に触れている状態に。作業中の耕深調節は、均平板の負荷を感じて加減するオート機能まかせ（耕深設定は、作業前の試し掘りで土の状態に合わせて耕深調節ダイヤルを加減）

いているか、確認してみようか。エンジンかけてオートを入れた状態で均平板を持ち上げてみるよ。どこかでオートが作動して、勝手にロータリが上がり始める場所があるから、ちゃんと反応するかどうか確認するんだ。ちなみに、オートの耕深調節ダイヤルは何番でやってた？

裕也くん：一番浅いところより下です。

サト：え？　どういうこと？　それ以上深くはできるけど、もう浅くはできないってこと？

裕也くん：はい。

サト：それっておかしくない？　ふつうは、ダイヤルを中間に設定しておいて、土の状態に合わせて、浅めとか、深めに回して耕す深さを調整するんだよ。今の話だと、浅いほうにはぜんぜん調整できないってことでしょ。オートがきいてねーかもよ……。

（運転席にてダイヤル確認）

サト：あ、やっぱり。おかしいなと思ったんだよ。俺のトラクタとメーカーが違うからかと思ったけど、やっぱり、オートのダイヤルが一番浅くて、マニュアル（手動）でロータリ上げ下げするて、油圧レバーがこんなに上がってるってことは、これ、オートがほとんどきかない設定だ。ずっとマニュアルで深さ決めてたってことよ！

一同：えー!?

ワイヤー調節でオートの感度を敏感に

サト：よし、気を取り直して、オートの設定、ちゃんとやるぞ。ダイヤルを中間に戻して、油圧レ

自動耕深制御を敏感モードにするには？

トラクタのお尻につながっているワイヤー。均平板に負荷がかかると、これが引っ張られてオート機能が働く。ワイヤーを取り付ける位置は、写真の手前（鈍感モード）と奥（敏感モード）の2カ所あり、今回裕也くんは敏感モードに設定し直した

均平板にかかった負荷をワイヤーを通してトラクタに伝える

均平板側のワイヤーの取り付け位置も調節。遊びが大きいと反応が「鈍感」になるので、遊びを小さくして「敏感」に反応するよう取り付け位置を上げた

バーは下げきる。どうだ？　均平板持ち上げてみな。

裕也くん：あ、上がります。

サト：でしょ。そしたら、オートの感度も敏感に調整しよう。裕也くんの作業スピードだと、反応が速い敏感モードでないとオートの動作がついていけねーと思うよ。

敏感モードにするには、オートのセンサーになってる均平板とトラクタをつなぐワイヤーの遊びをできるだけ小さくする。遊びが大きいと、均平板が上がってもすぐにオートが作動しねーからな。

調節終わったら、裕也くん、もう一回耕してみな。もう、前とはぜんぜん機械が変わってるよ。開けてビックリ玉手箱、たまげるぞ。

敏感モードに「スッ、スゴイ！」

（再び圃場にて）

サト：今回はオートがバッチリきいてたでしょ？　どうだった？

裕也くん：スゴイ。もう、スッ、スゴイ！　耕盤のデコボコに反応して作業機が上下してるのがビシビシ伝わってきました。

サト：そうだろー。中学生にしてオートの敏感モードを初体験しちゃったな。運転も大事だけど、トラクタの改善は作業機の設定から。スタートが狂うとぜんぶ狂っちゃうからね。

裕也くん：は、はい。ありがとうございます。　編

＊二〇一五年五月号「トラクタのお尻は敏感モードで」

代かきするサトちゃん（倉持正実撮影、※以外すべて）

耕作くん：代かきは、耕耘以上に奥が深いよねえ。前はとにかく平らになるように、水漏れもしないようにって何度もグルグル回って徹底的に土を練りまくってたなぁ。それでも四隅はどんどん高くなるし、逆に真ん中のほうは低くてすぐ苗は水没するし……。こんなに念入りにやってるのに、なんで⁉って腹立ててたよ。

サトちゃん：やり過ぎは、やらないより悪いのよ。同じ代かき何回したって、デコボコひどくなってもよくなることはねーからね。

耕：うん、サトちゃんのやり方試したらビックリするくらい平らになって、あとの田植えも水管理もめちゃくちゃラクになったよ。ホント、何やってたんだろって感じ。

トラクタ名人 サトちゃんの技

耕作くん

田植え＆水管理をラクにする代かきのポイント

荒代は「土台」、植え代は「化粧」

代かきの目的は、平らな耕盤の上に平らな田面をつくること。水深2㎝の浅水でも田面が出ないくらい真っ平らに仕上げられれば、田植えはラクだし、その後の水管理も簡単、除草剤の効きもいい。そのためには、まず1回目の荒代は耕耘と同じ深さ10㎝まで丁寧に代かきして、耕耘で残ったデコボコまで平らに均す。いわば平らな土台づくりだ。そして、2回目の植え代は浅め（8㎝程度）にサッと「化粧」する気持ちで代かきし、田面を平らに仕上げる。
耕盤も田面も真っ平ら、さらに表層の土は細かくて水漏れしにくく、下はゴロ土で苗の根張りがいい田んぼを目指す。

荒代・植え代の深さのイメージ

荒代
走行速度 標準
耕耘跡
同じ大きさの粒
10㎝くらい
耕盤
PTOの回転数はともにいちばん遅い540回転
植え代
走行速度 速い
細かい
粗い
8㎝くらい

代かきの技

○ 代かきにちょうどいい ヒタヒタ水

耕耘で盛り上がった土がほとんど見えている。これでも手前は多すぎるくらい

ヒタヒタ水

代かきを始める時の水位は、限りなくヒタヒタに設定。耕深と同じ、耕盤から10㎝程度の水深で十分だ。深すぎると田面が見えにくくなって重なりやかき残しが多くなる。またドライブハローが深くもぐりやすくて土寄りするし、浮きワラも増える。水尻を開けたまま入水し、代かき直前に閉じるくらいでいい。

× 多すぎ

耕耘後の土がほとんど水没

水が多すぎるから、ついドライブハローも深く入って脇に土が寄る

逆回りのコースどり

コースどりは、荒代は耕耘と逆、植え代は荒代と逆に回る。そうすれば、耕耘や荒代で残った山や谷も反対方向から削って平らに均せる。ロータリより幅広のドライブハローを使うと、列も耕耘とズラして代かきできるので、さらに真っ平らにできる。

耕耘・荒代・植え代のコースどり

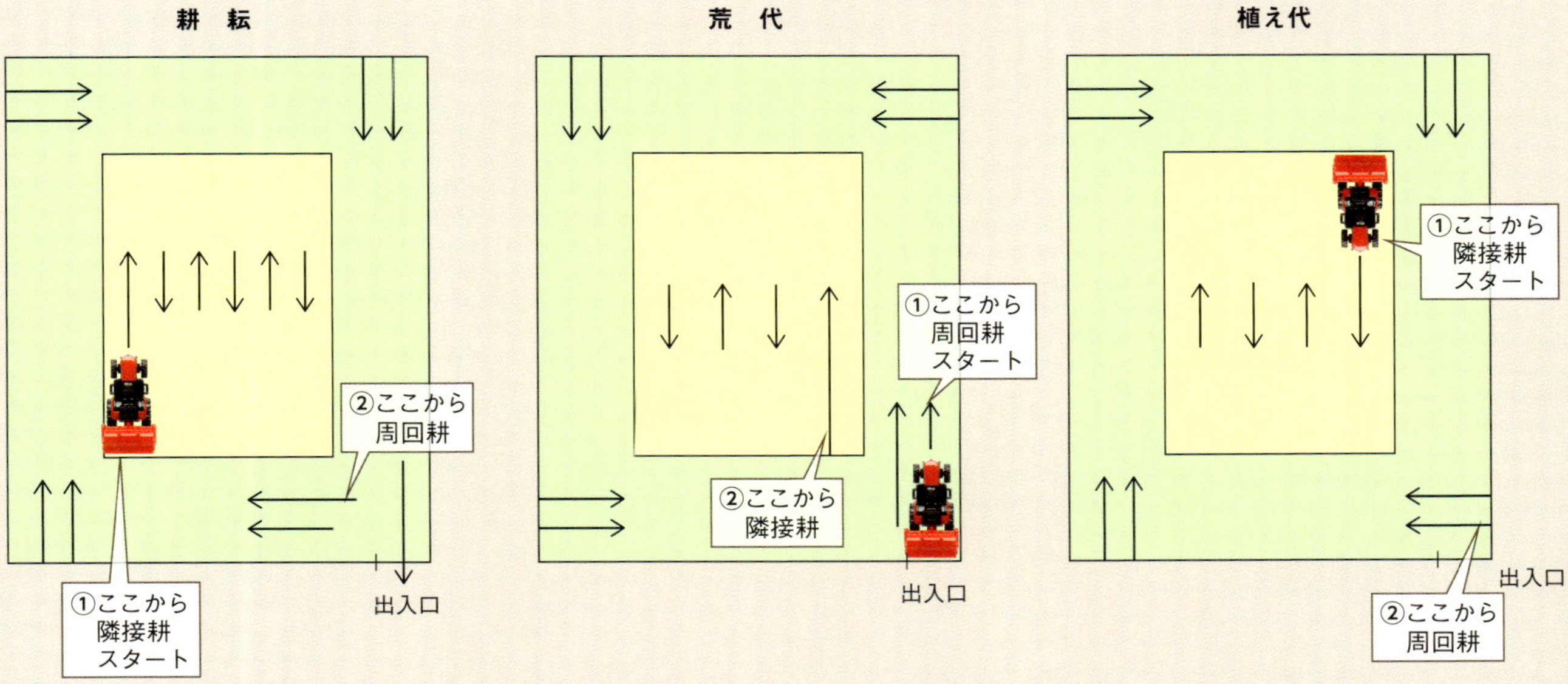

耕　耘

②ここから周回耕
①ここから隣接耕スタート
出入口

荒　代

①ここから周回耕スタート
②ここから隣接耕
出入口

植え代

①ここから隣接耕スタート
②ここから周回耕
出入口

土と水がまだなじんでいない荒代のときは、周回耕→隣接耕の順でかく。隣接耕の旋回を代かきあとでできるので、轍が残らないしアゼ際への土寄りも少ない。植え代は隣接耕→周回耕の順でかいてタイヤあとを消していく

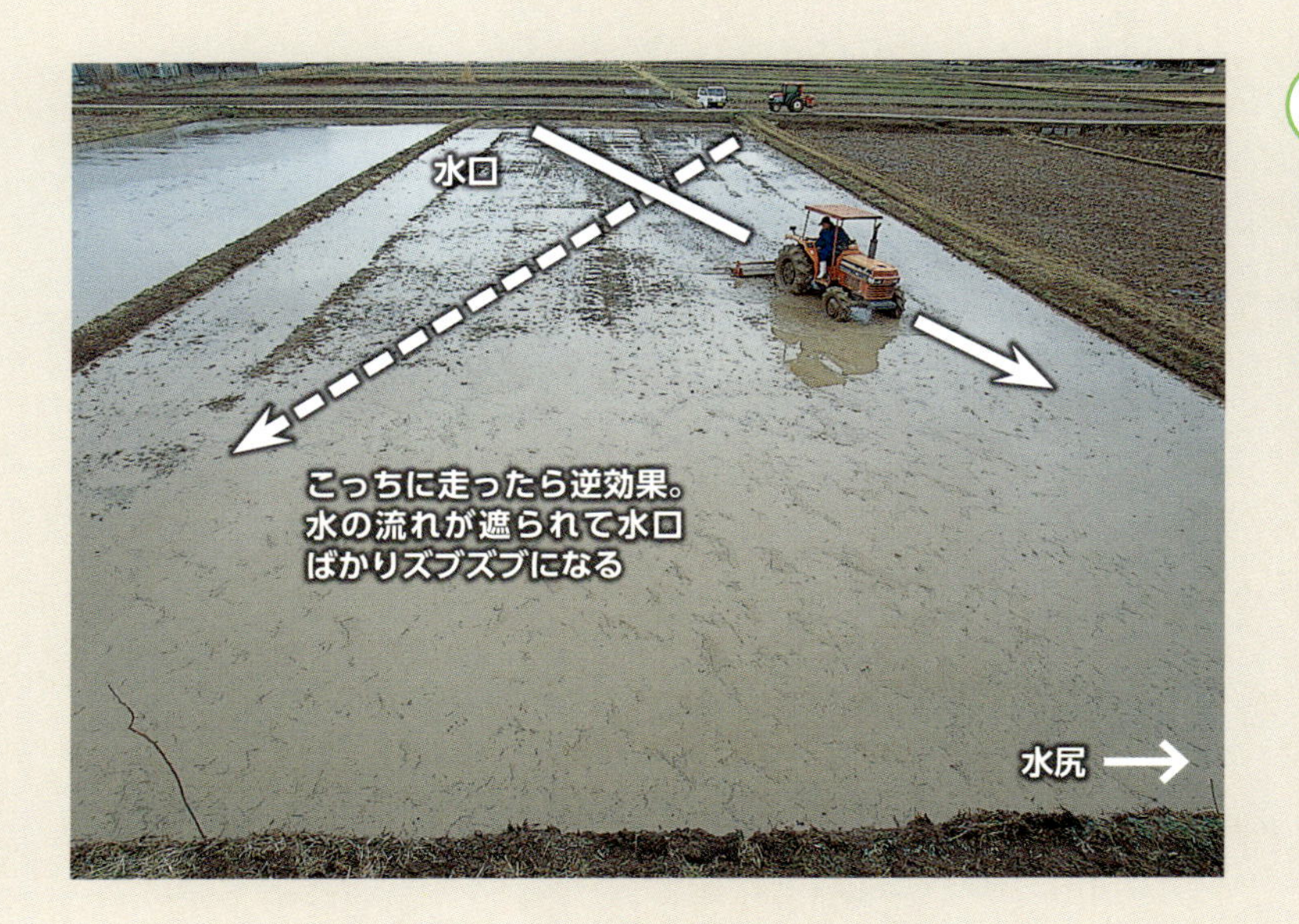

水道(みずみち)づくり

水尻が出入り口側、水口が対角線上のアゼにある場合、植え代の仕上げに、水口から水尻へと斜めに代かきして水道をつくる。こうすると、入水したときに水がサーッと田んぼ全体に広がりやすい。

土寄せ爪の入れ替え

代かき後の轍が残るようなら、土寄せ爪を入れ替える。土寄せ爪は、標準爪に比べて角度が急で、土寄せ効果の高い爪。どのハローにも付いている。轍に向かって土を寄せられるよう、この取り付け位置をズラす（やり方はハローの取り扱い説明書にも書いてある）。

標準爪がＳ字にくねっているのに対し、土寄せ爪は先だけ曲がっている（写真は左後輪の後ろ）

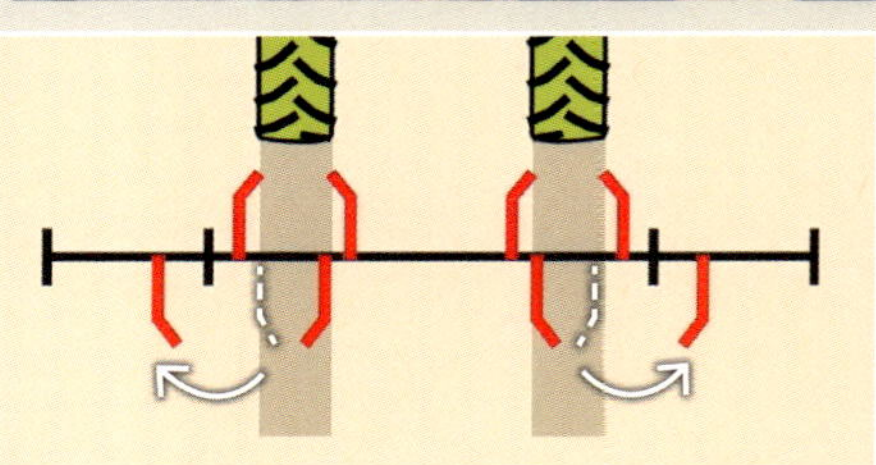

タイヤの後ろに入っていた土寄せ爪１本ずつを外側の標準爪と交換し、押し出した土を戻すようにしたら…

（※）

轍が消えた！

旋回時はハローを上げる

旋回するとき、ドライブハローは必ず上げる。タイヤ跡が残らないようにとハローを下げたまま旋回すると、遠心力で外側に大量の土が寄り、アゼ際や四隅が高くなってしまうからだ。タイヤ跡は、植え代の周回耕で消せるので心配無用。

○ ハローを上げて旋回

アゼ際、四隅への土寄りが少ない

× ハローを上げないと…

四隅の3秒ルール

耕耘同様、四隅はやっぱり3秒ルール。アゼ際ギリギリまでハローを寄せたら、止まったまま爪だけ回して「1、2、3」。細かくした土をしっかり抱えてゆっくり走りだす。手直し要らずの真っ平らな四隅のできあがり。

× 3秒ルールを守らないと…

アゼ際まで寄せきらずにハローを下ろし…

すぐに走りだす。アゼ際は高いまま

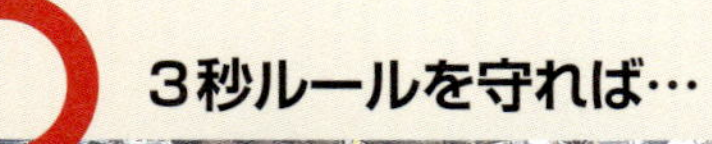

○ 3秒ルールを守れば…

アゼ際ギリギリに下ろしたら「1、2、3」

ゆっくり走りだせば真っ平ら

代かきしやすくする四隅処理＆轍を残さない技

青森・佐藤拓郎

筆者

青森県黒石市で稲作をしている佐藤拓郎です。一七年前に普通高校を卒業後すぐに就農、その直後からオペレーターをしています。作業受託面積は合わせて四〇haほどになり、機械も大きくなって、今ではほぼ自分一人でアゼ塗り・耕起・代かきの作業をしています。五年前からセミクロローラトラクタも導入しました。

耕耘　先打ち＋手前カーブで四隅がぬからない

耕耘作業で心がけていることは、①耕し残さない、②耕した後の地盤をフラットにする、③スピードです。耕耘後の土塊が大きくても、水に浸せば代かきにはあまり問題がないので、耕耘作業は「いかに代かきしやすい田んぼにするか」を考えています。とくに②については、セミクロに乗るようになってからホイールトラクタに比べてとても簡単にできるようになりました。

コースどりは右図の通り。初めに内側を隣接耕しつつ四隅を先打ちする方法でやっています。さらに四隅が深くならないようにするポイントもあります。周回耕のときコーナーに近づいたら、アゼにぶつかる手前でゆるめにカーブをかけて、左前輪を先打ちした部分に落とさないことです。

トラクタのモンロー（水平制御）は左

筆者のコースどり

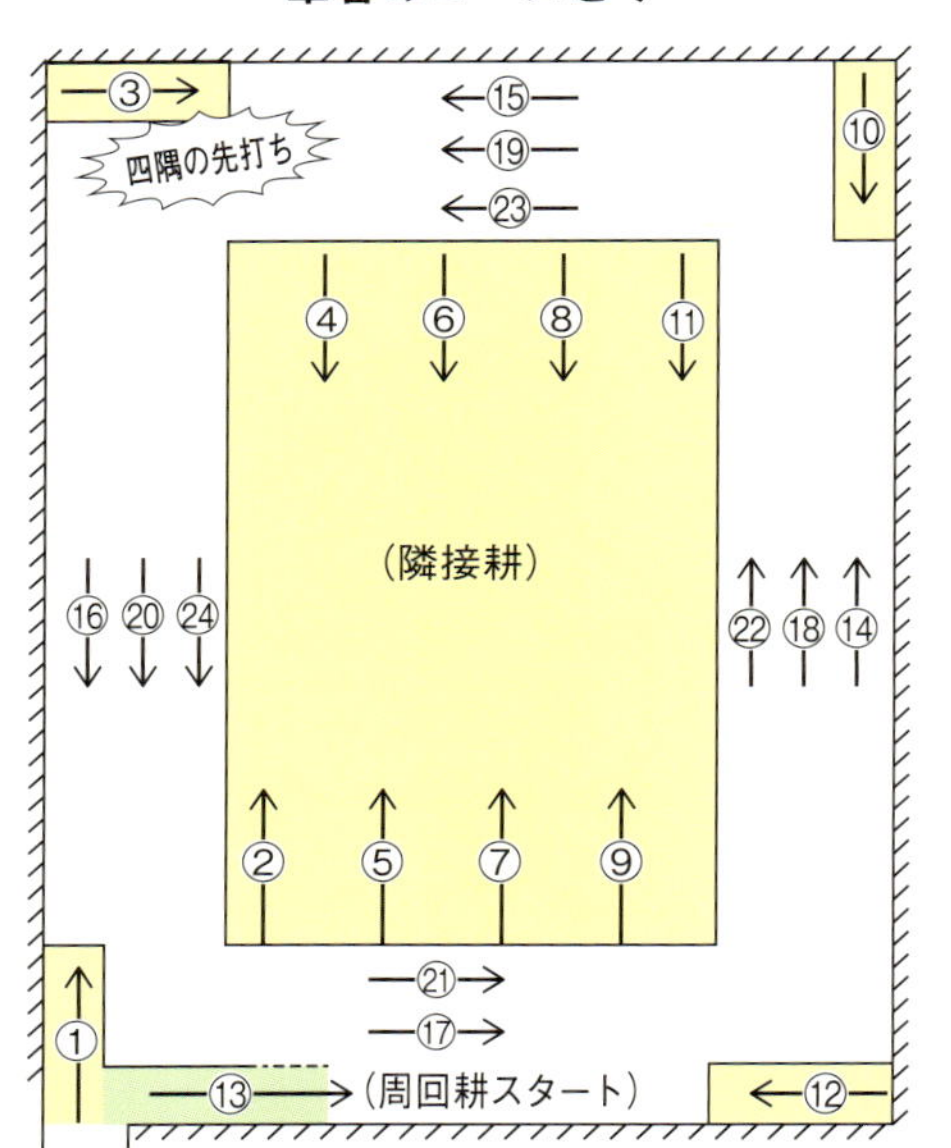

内側を隣接耕しながら、四隅を周回耕と逆回りの方向に先に耕しておく（先打ち、①③⑩⑫）

先打ちの効用と周回耕の曲がり方

均平板と爪の間にできる残耕部分をあらかじめ耕しておける
周回耕
先打ち
耕し終わり　耕し始め

先打ちしておくと、均平板と爪の間にできる四隅の残耕を最小限にできる。また、あらかじめ耕してあるとロータリを下ろしたとき後ろに跳ね飛ばす土も減るので、四隅が高くなりにくい

周回耕と先打ちのつなぎ方

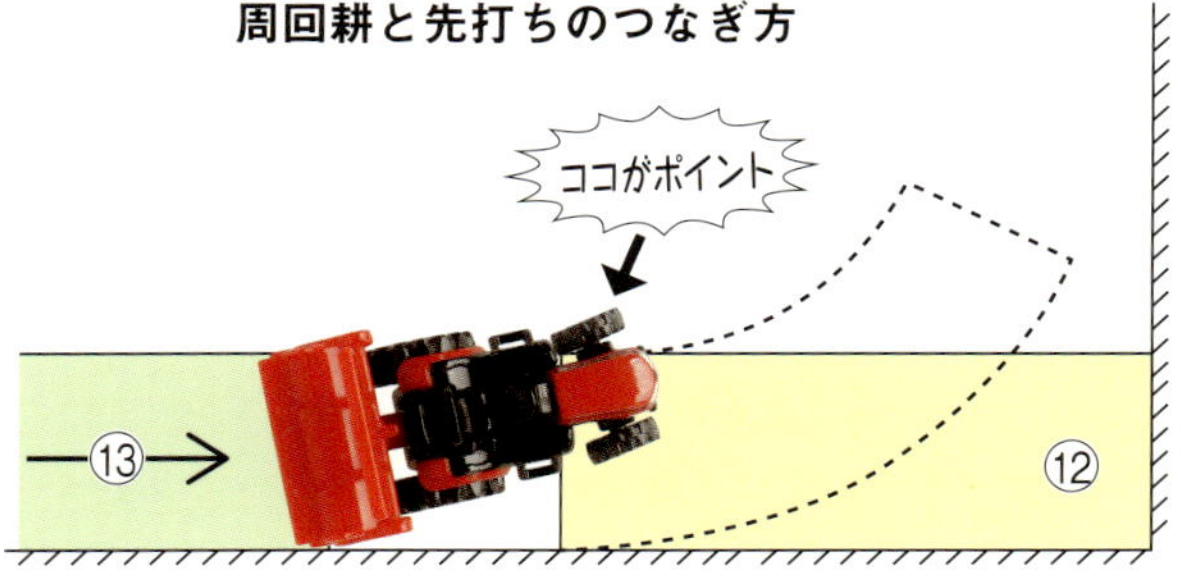

左側の前輪を先打ちしたところにギリギリ落とさないようにカーブをかける。すると右の前輪は浮いた状態になるので車体が前後に傾くことなく、周回耕と先打ち部分を段差なしでつなぐことができる

右の傾きには強いのですが、前後の傾きには弱い。そのため前タイヤが耕起跡に落ちると、車体の前側が沈んで後ろが浮くので一瞬だけ耕起が浅くなり、次に後ろタイヤが耕起跡に落ちると、今度はそこだけ深く掘ってしまいます。速いスピードで仕事するほど、その一瞬が作る耕深の差は大きくなります。

とくにホイールのときは田んぼの四隅が深くなり、ぬかりやすくなっていたのが、左前輪を落とさないように気をつけることで解消できました。それにカーブをかけて曲がると、切り返してバックするのが一回ですむのでスピードアップにつながりました。ブレーキを強く踏んで曲がることもないので、地面にかかる負担も減っていると考えています。

代かき

土寄せ爪入れ替え＋土寄せ板で轍が消えた

代かきでは、セミクロを使うようになってから、ホイールのときより水を多めにしないと轍が残ってしまうのが大きな悩みでした。ホイールよりも後輪が張り出していて、かつ土を連続して押し出すからです。その悩み解消に役立ったのが、サトちゃんのＤＶＤ（『現場の悩み解決編』）にあった土寄せ爪の入れ替えでした。これはかなり効果がみられました。もう一つ、農機具メーカーさんからの提案で土寄せ板を購入して付けてみたところ、ヒタヒタ水での仕上げが簡単になり、浮きワラがほとんどなくなりました。

なお、私は三回代かきします。

①**荒代**…車速ゆっくり、ＰＴＯ１。アクセル中～高回転で地盤をフラットにしながら水に馴染ませた土を細かく砕くイメージ。

②**中代**…車速は速め、ＰＴＯ１。アクセルは中回転で荒代とは反対方向に回って土を練り込むイメージ。

③**植え代**…車速ゆっくり、ＰＴＯ１～２。アクセル低回転でハローを若干浮かせて、土の上層部だけをなでるイメージ。土質によっては轍（クローラ跡）が低く残りやすい。そういう田んぼは水を多めにして、車速を遅く、爪を速く回す。それでもダメならハローを下げて深めにかく。

各作業すべてにいえることですが、機械のオート機能が進化しているので、機械の感度やバランスをきちんと把握して、自分のイメージ通り、手足として動かせるようにこれからも精進していきたいと思っています。

（青森県黒石市）

＊二〇一五年五月号「土寄せ爪の入れ替えで代かきの轍解消」

轍を消すのに効果があった方法

その１●土寄せ爪の入れ替え

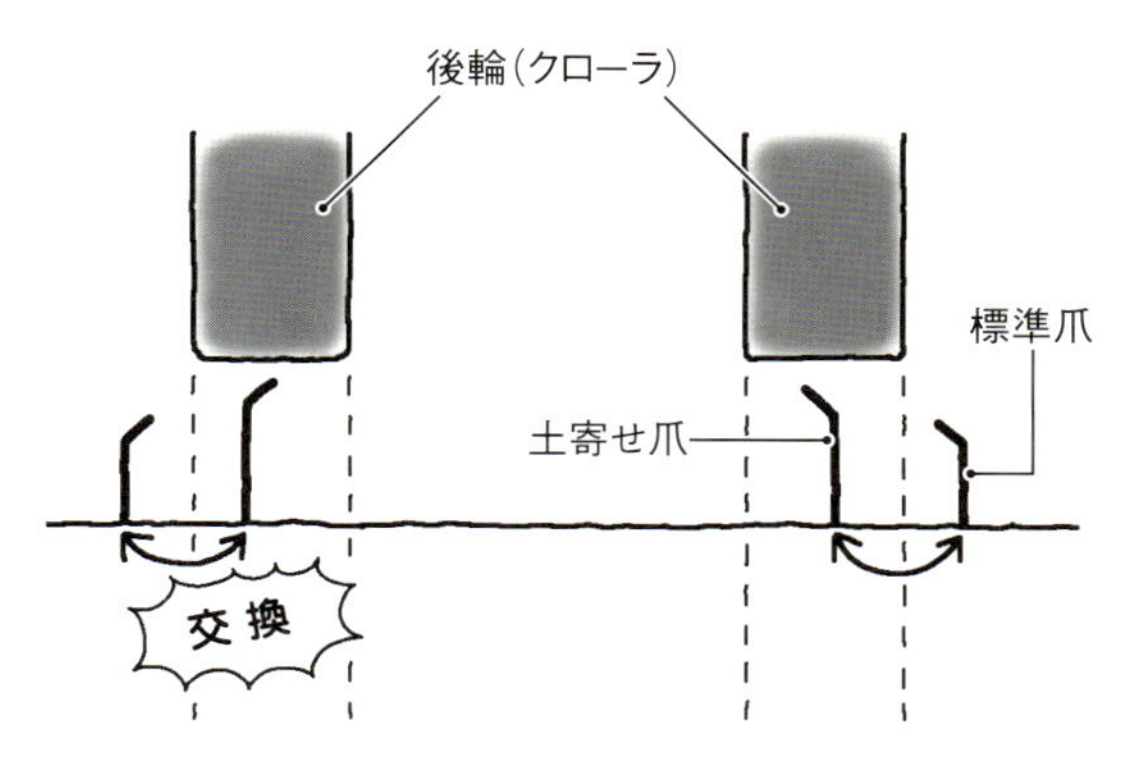

後輪（クローラ）の後ろに入っていた土寄せ爪を車輪が押し出した土を寄せられるような位置にずらす（38ページも参照）

その２●土寄せ板を付ける

最近のニプロの折りたたみ式ドライブハローには「ソイルスライダー」という名前で標準装備されている（筆者のハローはニプロWMD4100-0L）

効果絶大 ドライブハローで高低直し

もうひとつ、サトちゃんのとっておきの裏技を紹介。極端に高低差ができてしまった田んぼの高低直しだ。右の写真は、均す前の田んぼ。一部は高すぎてまったく水が被らず草だらけになってしまうため、イネを植えるのを諦めていたほど。こんな田んぼも、サトちゃんにかかればご覧のとおり（左の写真）。ドライブハローを使って、見事平らに均してしまった。

ほぼ平らになり、田んぼの形がハッキリわかるようになった

点線より右側は、高くなりすぎたので去年はイネを植えなかった
（倉持正実撮影、以下も）

ポイント 水を使いこなす

土は、乾いた状態ではまず動かない。でも水分を含ませれば、わりと簡単にドライブハローで引っ張れる。そこでサトちゃんは、高い部分を無理やり一度に動かそうとはせず、まず少しだけ動かして水が流れ込む「水道（みずみち）」をつくる。こうしておけば、しだいに周りの土にも水分が染み込んで動きやすくなる。

また水は、田んぼの均平を見る目安でもある。最初に自分がちょうどいい高さだと思っている部分の水位を見て、引っ張る土の量を調整する基準にする。

その1●水道（みずみち）づくり

オフセット板を立てたドライブハロー（爪は回さない）を土を動かしたい部分に下ろして食い込ませ…

グッと少し引く

無理してそのまま引っ張り続けず、いったんハローを少し上げていっぱいに抱え込んだ土を逃がしながら引っ張る。これでしっかり水道ができた

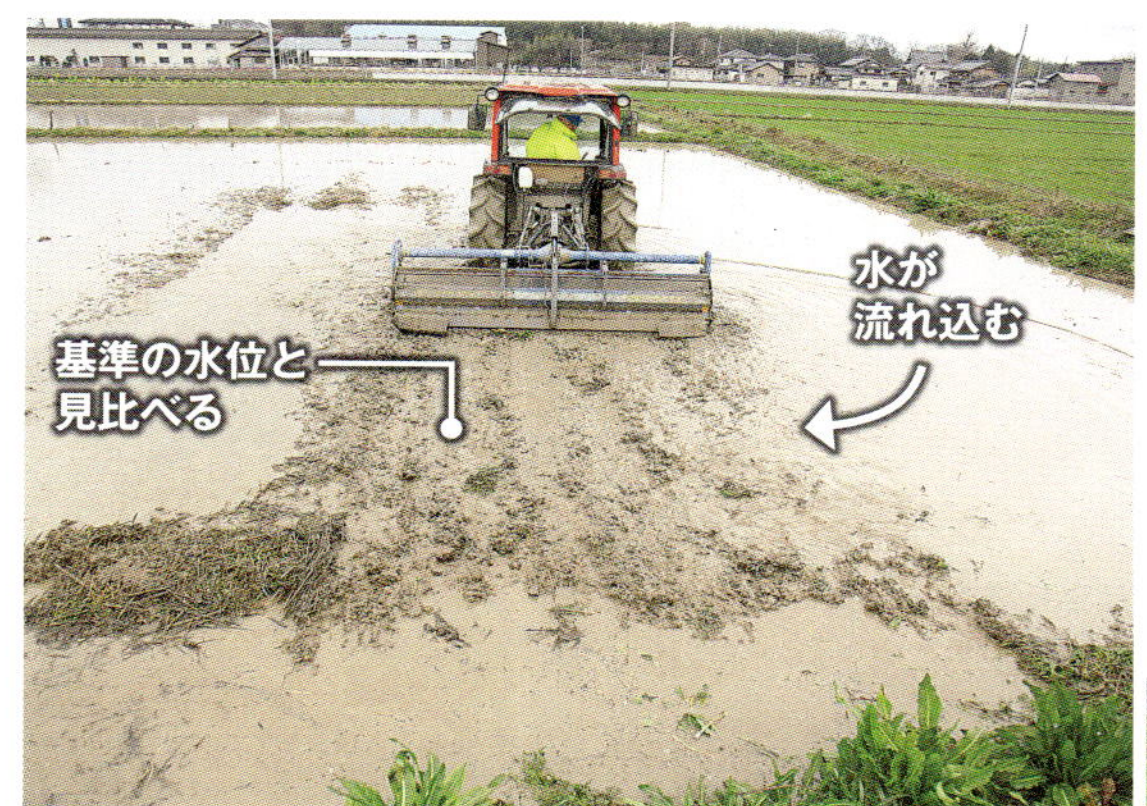

その2●大胆に動かす

しばらく1～3の作業を繰り返して水道を延ばした後、最初の位置にもどって土を引っ張る。今度は土がたっぷり水を含んでいるので、基準の水位と見比べつつ土を大胆に動かせる。このときハローの高さを一定に保つのがコツ。ヘタに上げ下げすると、逆に凸凹をつくってしまうことになる。また引っ張りすぎて田面が低くなってしまうことにも注意。流れ込む水の様子を見ながら作業を進める

2回の引っ張りで、こんなに分厚くたまっていた土が動いた！　ちなみに高低直しを行なうのは最初の代かきから3日以内、土が水を含みつつもまだある程度ゴロゴロしている状態のときがいい。2度目の代かき以降だと土が軟らかくなりすぎて横に逃げてしまい、うまく引っ張れないからだ

その3●引っ張った土はバラバラに置く

引っ張った土が一列にまとまって高い部分ができないよう、なるべくバラバラの位置でドライブハローを上げる。高いほうの土は相対的に低いほうに分散されるので、田んぼ全体の高低差はかなり直る。それでも残った高低差は田植えのときにチェックしておき、翌年以降少しずつ手直しして3年もやれば真っ平ら

その4●仕上げに普通の代かき

最後に田植えの方向に代かきすれば、引っ張った跡もキレイに均せる。引っ張った土は軟らかいので、写真のように直角方向に代かきしてもタイヤがとられて凸凹になる心配はそれほどない

＊ 2010年5月号「効果絶大　ドライブハローで高低直し」

わが家の田畑で使いこなす 技

湿田の多い地域で作業受託を含め約七haの田んぼの耕耘・代かき作業をする木村節郎さんに、湿田でトラクタをうまく使うコツをきいた。木村さん、昨年からはもっぱらセミクローラを愛用している。

湿田ほど浅耕がトク、エコ

荒起こしで耕す深さは五〜一〇㎝の浅耕です。湿田では耕深が浅いほうがトラクタがめり込まない。耕す回数も深さも少ないのでエコです。

スリップロスがないセミクローラだと特に作業が速いですよ。イセキの二七馬力（AT27）で、一・九mのロータリつけて荒起こしするスピードは時速四・一㎞。耕耘ではふつうはあり得ません。代かきのスピードです。速く走ると、爪がかかないようになるからPTOは2に上げます。僕の場合、ロータリの幅が広めでもあるので、エンジン回転数は定格の九割くらいかな。

幅が広めのロータリを選ぶ

——ロータリもハローも幅が広めのほうがいいと考えている

そうですね。どうしてですか？

湿田は土が軟らかいから、耕耘幅が狭いと、隣の耕したところまでグズッとずり落ちます。特にホイールのトラクタはそう。ロータリ幅が狭いほど、タイヤの位置と耕した隣の列との間に余裕がないから、ちょっと横に振れただけで隣の列

◆湿田では幅が広めのロータリがいい

幅が広めのロータリ

幅が狭いロータリ

ズルッ

重なり部分

隣の耕耘跡にタイヤがずり落ちて大きく曲がってしまう

木村節郎さんと愛車のセミクローラトラクタ、イセキAT27（27馬力）。もう1台のクボタFT23（23馬力）もセミクローラ

湿田を耕耘・代かきするノウハウ

山口県田布施町・木村節郎さん

にタイヤがとられて、ラインが大きく曲がるんです。その点、幅広のロータリなら、耕耘跡のかぶり（重なり）を一〇㎝くらいとっても、隣の耕耘跡とタイヤが離れている。

湿田で土が軟らかいということは、耕すのに力はいらないということ。干したおもちみたいに硬い土を切るのと羊羹みたいな土を切るのとでは、力の入れ具合が全然違うでしょ。だから、幅広のロータリでも同じ車速で耕していけるんです。それに、幅が広いほうがロータリの端がキャビンからよく見えるので作業しやすいし、田んぼ全体を耕す回数（列数）が少なくてすむ。

また、セミクローラはホイールトラクタより後輪が張り出しています。クローラが横に押し出した土を爪でとらえ、中へ戻すためにも、できる限り幅広がいい。クローラは接地圧は小さいが、三角形の底で接している分の土を続けざまに外へはき出すんです。

耕耘と荒代は二山盛り耕

ちなみに、セミクローラでもホイールトラクタでも、この押し出し分を戻すために、ロータリの爪は二山盛り耕。荒代も同じです。

エプロン（均平板）で均されるので、山がハッキリ二つ残るわけではないんですが、二山盛りのロータリの端には小さい溝ができます。水を入れたときもこれが目印になるので、まっすぐ走る助けになるし、同じところを何度も耕さずにすむ。土を練りすぎなくてすむので、イネの生育を均一化することにもつながります。それに、溝を伝って水が早くいきわたりやすいし、水量の確認もしやすい……と、二山盛り耕のメリットはたくさんあります。

全体がぬかる時はグルグルでんでん虫耕

――耕耘する時の耕す順番（コースどり）を教えてください。

強湿田の場合は、山側のぬかりやすいところの周回耕を五回くらいに増やします（次ページ右図）。隣接耕で旋回するときにはどうしても土を練ってしまうので、それが地盤の緩いところにかからないようにするわけです。

春先から雨が多くて、全体が軟らかい田んぼはグルグルで

イセキAT27に付けた1.9m幅のロータリ。爪は二山盛り耕の配列

二山盛り耕にすることで、クローラやタイヤで押し出された土が戻される

んでん虫耕（下左図）。つまりはコンバインと同じ動きです。特に小区画の田んぼや正方形の田んぼはこの方法。隣接耕を繰り返して一八〇度旋回するより、九〇度曲がるのを繰り返したほうが田んぼは荒れません。それに、こういう切り返しのときもセミクローラは強い。後輪のクローラはほとんどめりこみません。

どんな田んぼでも、耕し始める前に頭の中でどう耕すか図面を描くことが大事です。

耕耘中にハマった時の脱出法

――ホイールトラクタ時代は、耕耘の途中でトラクタが動けなくなってしまったこともあるそうですね。

深い田んぼで、全体がテカっているような状態の場合はセミクロでもたいへん。こういうときは水をためて走ったほう

◆ 湿田を耕すコースどり

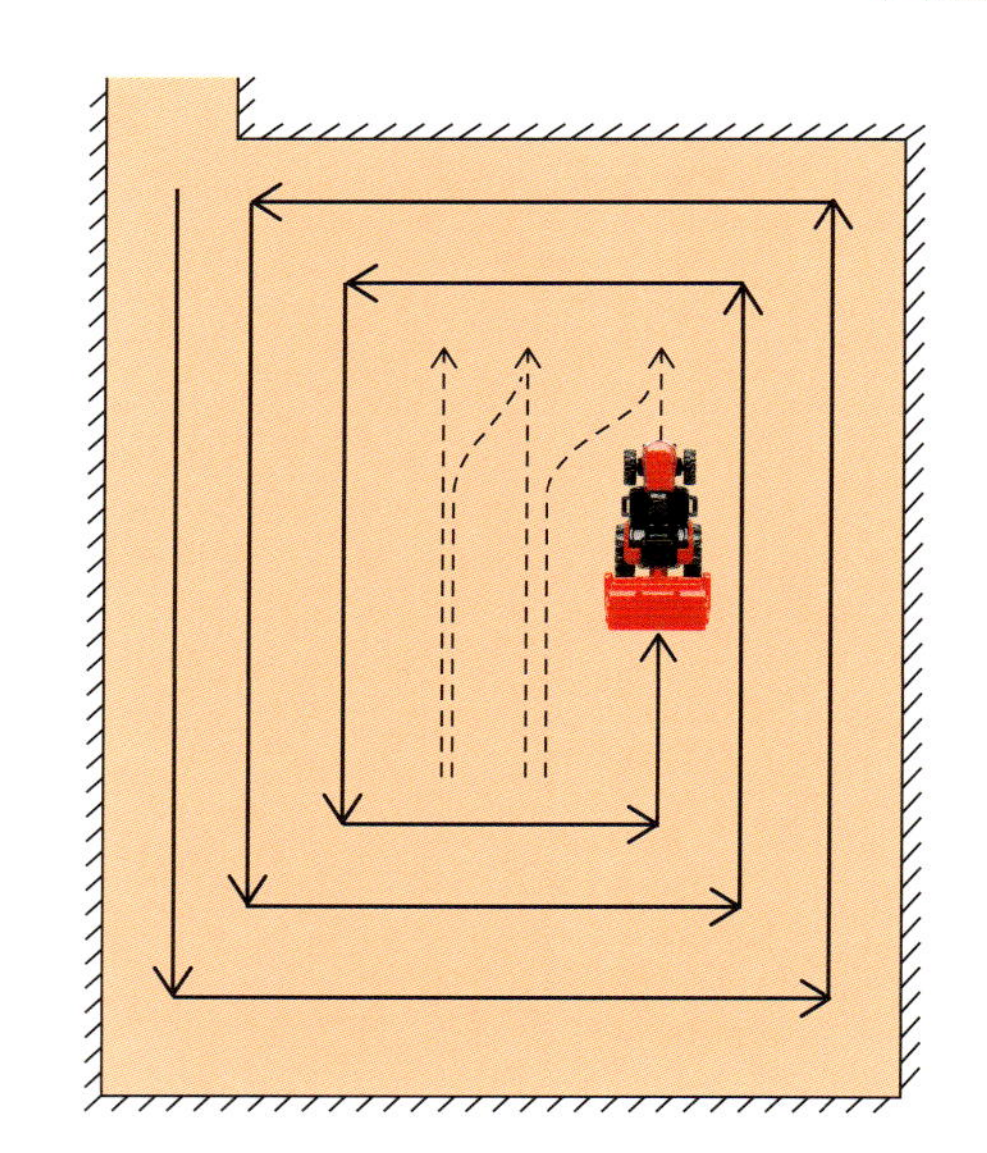

全体がぬかる田んぼはグルグルでんでん虫耕

コンバインのイネ刈りと同じように外から内へ周回耕を続ける。一辺の距離が短くなったら、バックを繰り返して一方向に耕す

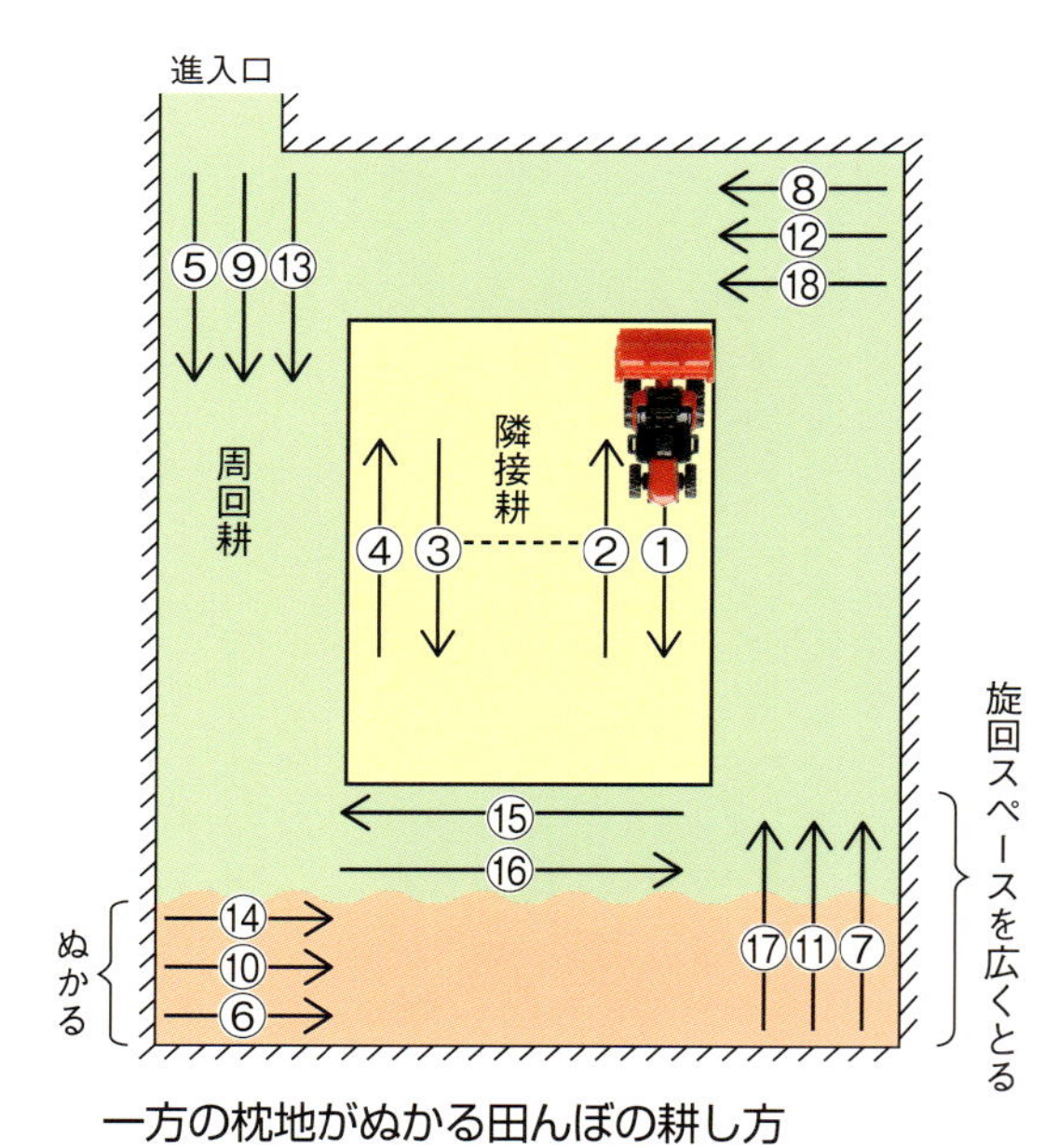

一方の枕地がぬかる田んぼの耕し方

隣接耕、周回耕の順に耕す。ぬかるところでは旋回しなくてすむよう、周回耕を5列に増やす（⑮⑯）

がいい。水がないところで練って練って……というのが泥沼にハマる原因です。

湿田でハマりだしたと思ったら、いや、ハマるなという気配を感じたら、すぐデフロックをかける。ロータリを上げると前輪が浮いてきかないし、後輪がいよいよ沈んでしまうので、ロータリは少し土に当てて、田面に爪の先五㎝くらいがかかった状態でスタートして爪の回転を推進力に使う。前輪が浮かないように、湿田ではウェイトを付けておくのもポイントです。

それでも脱出できず手こずりだしたら、すぐにエンジンを止めて水をまわす。車輪の前の泥を鍬でどかす。ずるずる沈み込んでトラクタの腹が着いているようだと吸盤みたいにくっついてしまうので、腹の底にも水が行くように泥を除けて、土との離れをよくする。そして引っ張る力（ウインチ、チルホール、バックホー、人力）を用意します。

最悪、後輪に柱（後輪の直径より長いもの）を結わえて浮かせるという手もあります（左図）。回転をかけると柱がつっかえ棒になってタイヤが浮くでしょ。そこで歩み板を差し込むわけです。

危なそうな田んぼは、まず最初に歩いてみて自分の足で確かめたほうがいいですね。それで、どうにもならないと思ったら、荒起こしはせず、水をためて荒代をかくときに初めて耕す。水があると泥がからまないんです。荒起こしも荒代もかけないで、いきなり本代ということもありました。編

＊二〇一五年五月号「百姓木村の湿田を耕すノウハウ」

湿田での代かきのポイント

湿田での代かきでとくに注意したいのは、旋回のときになるべくタイヤで土を押し出さないようにすること。そこで木村さんは、以下のようなポイントに気をつけて代かきしている。

- 荒代は外周から
- 列を飛ばして大きく旋回
- 本代（植え代）は内側から
- 四隅は数秒爪だけ回す

湿田で荒代をかくときの例

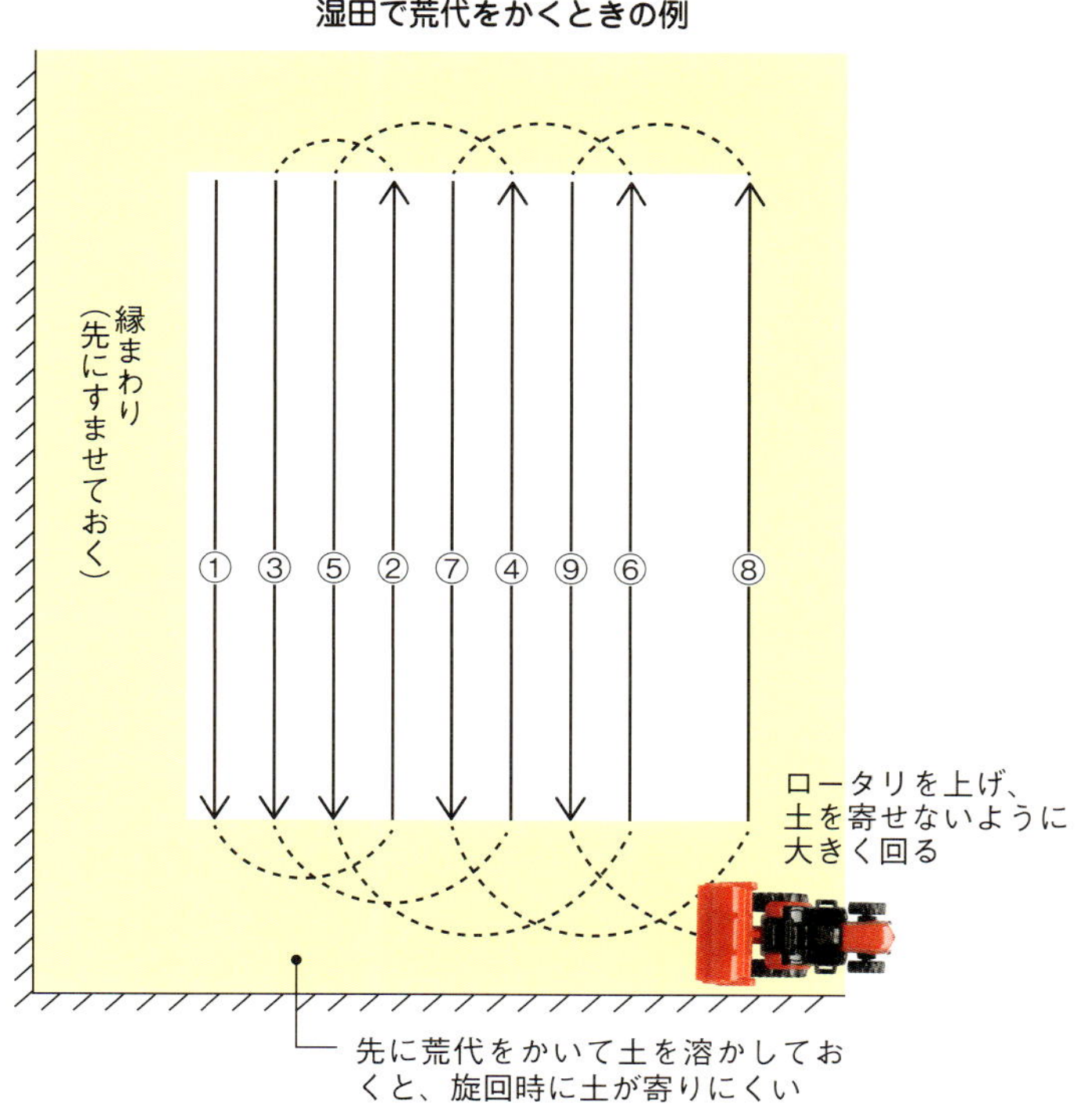

湿田でホイールトラクタが動かなくなった時の脱出法

後輪の片方のホイールに柱を結わえ付ける。回転をかけて、その後輪が浮いたところへ歩み板などを差し込む

緑肥すき込みは「ロータリゆっくり、車速は速く」で巻きつきなし

岡山市・赤木歳通さん

でかい菜の花もロータリだけですき込みたい

田んぼにキレイな菜の花を咲かせて存分に楽しみ、あとですき込めばイネが勝手に健全「への字」生育になって農薬いらず、おまけに雑草も抑えられるという菜の花緑肥稲作。実践者も続々増えてきた。

ただビッシリ咲いた花には満足しても、いざすき込む段になってハタと困ってしまう人もいる。旺盛な菜の花がロータリにガッチリと巻きつき、作業が進まなくなってしまうのだ。

菜の花をすき込む赤木歳通さん（倉持正実撮影）

「菜の花男」こと提唱者の赤木歳通さんも、かつては頭を悩ませた。モアーで細断してからすき込めば問題はない。でも、モアーがなければ元も子もない。なんとかロータリだけですき込みたい……ということで考え出したのが、「ロータリはゆっくり、車速は速く」という方法だ。

一回目は根を抜くだけ 二回目ですき込む

代かきや田植えのことを考えると、できるだけ緑肥を細かくして深くすき込みたい。でも、そのためにロータリを速く回し、ゆっくり丁寧にすき込もうとしても、菜の花みたいに繊維の強い緑肥は、そう簡単には切れてくれない。ロータリの軸にグルグルッと巻きつき、ものの数mも走れば〝団子状態〟になるのがオチだ。

そこで赤木さんは、逆にPTO1速でロータリの回転はもっとも遅くし、車速はなんと時速四〜五km（一般的な耕耘作業の倍くらい）！ すると、菜の花はロータリに巻きつく間もなくなぎ倒される。一見すると菜の花はその場に倒れただけ。だが、ロータリの爪は確実に土を起こして根っこは抜けているので、だんだん分解してもろくなる。

一〇日ほど待って再耕耘すれば、しっかり土の中にすき込める。ただし、このときもPTOは1速のまま。菜の花の茎葉はもろくなっているとはいえ、ロータリを速く回せばやっぱり巻きついてしまうからだ。

その代わり車速はやや遅くし（といっても時速三〜四km）、ポジションレバーを一回目の耕耘より少し深めにしてチェーンケースが土にめり込む程度にする。気持ちゆっくり走ってロータリを深めに入れることで、表面に倒れた菜の花をしっかり土に埋め込み、代かきに備えるのだ。 編

＊二〇一〇年十一月号「『ロータリゆっくり、車速は速く』で巻き付きなし」

× ロータリ回転が速くて車速が遅いと…

試しにロータリは速く（PTO4速）、車速ゆっくり（時速1km）で丁寧にすき込むと、たった20mでこんなに巻きついてしまった

ロータリゆっくり、車速は速くで…

今度はロータリゆっくり（PTO1速）、車速は速く（時速4km）。菜の花は倒れただけにしか見えないが、それでいい

ぜんぜん巻きつかなかった

運転の手順

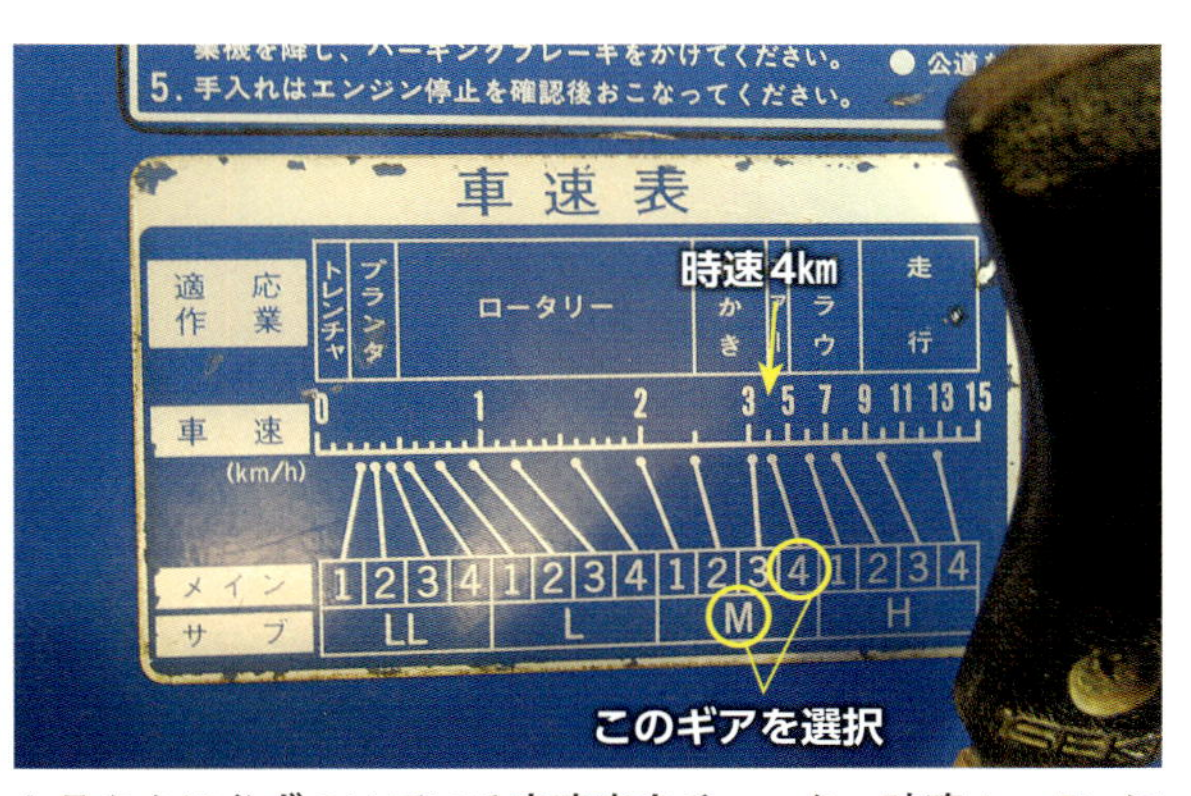

トラクタに必ずついている車速表をチェック。時速4～5kmになる走行ギア（メインが4、サブがM）を選択。PTOは1速

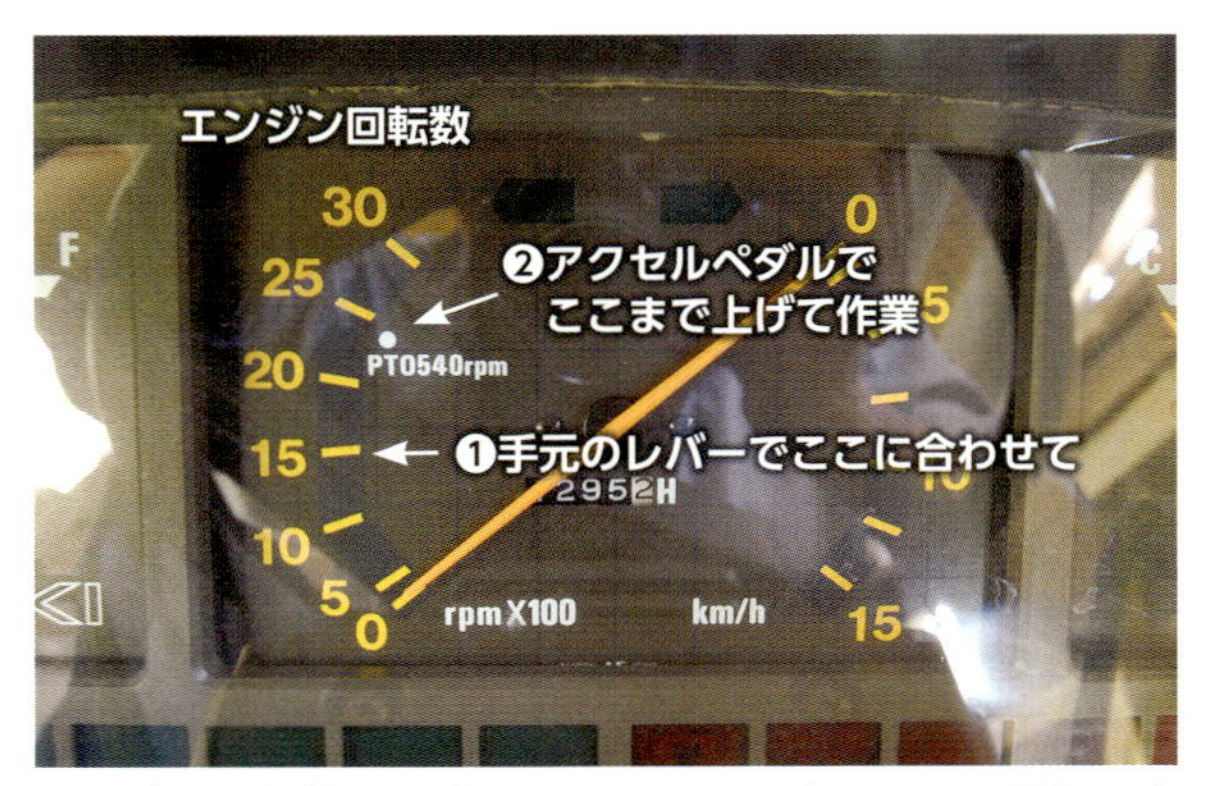

エンジン回転数は、手元のアクセルレバーで1500回転に合わせ、すき込むときに右足のアクセルペダルを踏み込んで定格の2400回転（PTO540回転）に合わせる。このやり方なら、車速が速くてもアクセルペダルを緩めるだけで減速できるので、旋回も安全かつラクにできる

詳しいやり方は、DVD「赤木さんの菜の花緑肥稲作」（農文協）をご覧ください

巻きついたら「高速空回し」で吹っ飛ばす

宮城県村田町・佐藤民夫さん

ロータリを上げて高速空回し（PTO4）。巻きついた残渣の8割が吹っ飛ぶ（田中康弘撮影）

さまざまな野菜を切れ目なく出荷する直売所専業農家、佐藤民夫さん。畑の回転率を高めるため、収穫残渣の片付けもすばやくこなす。つるがわんさか伸びるカボチャや背が高くて太いトウモロコシなど、巻きつきやすいやっかいな残渣のすき込みで使う裏技が、「高速空回し」だ。

残渣がある程度巻きついたら、ロータリを上げて高速で空回し。するとわずか40秒で、およそ8割の残渣が吹っ飛んでしまう。これで作業効率は格段にアップ。「条件にもよりますが、空回しで吹っ飛ばすのは10aで10回くらいかな。吹っ飛ばしの時間は全部で10分もかかりませんが、いちいち降りて残渣をとっていくと、それだけで1時間くらいかかりますからね」 編

＊2010年11月号「巻きついた残渣は『高速空回し』で吹っ飛ばす」

ミニトラクタでもすき込める

長〜い緑肥の押し倒し＋逆回り耕耘法

神奈川・松本邦裕

筆者と愛車イセキのピッコロ・13馬力

背の高いソルゴー緑肥はやっかい

今から一〇年ほど前に、自然農法国際研究開発センターで一年間にわたって農業研修を受け、それから徐々に農業生活をスタートさせました。現在は「なんくる農園」として、有機野菜を直接お客様に宅配する形で農業を営んでいます。

センターで学んだように、まずは土づくりが第一ということで、様々な有機物を活用してきました。いまでは緑肥を基本とした「育土」を心がけています。

活用する緑肥は、クロタラリア、ソルゴー、エンバク、クローバ等々。中でも、夏の間に育てるソルゴーやクロタラリアは背丈が大きくなり、畑にすき込む作業に手間がかかります。この作業を簡略化して時間を短縮できたらと考えるようになってきました。

ハンマーナイフが悲鳴をあげていた

以前の私は、ハンマーナイフでいったんソルゴーを細かく砕いてから、トラクタですき込む方法をとっていました。

使っているのは一三馬力の小さいトラクタで、軽トラで運搬できるようにと考えて手に入れたものです。また、ハンマーナイフも扱いやすさを重視して、六・二馬力ととても小さなタイプを選びました。けれども、ソルゴーのような大きな緑肥を砕くとかなりの負担がかかるらしく、私は当たり前と思っていましたが、周囲の人には「ものすごい音がしている」と思われていたようです。

なんくる農園の畑は合計で一町歩弱。小さな畑が八カ所に点在しているので、ただでさえ移動時間がかかります。そのうえ、緑肥のすき込み作業では、圃場を移るときにハンマーナイフとトラクタを軽トラで二往復して運ばなければならず、作業効率がとても悪いのが難点でした。

一度はトラクタだけでそのまますき込めないか試したこともありますが、ロータリに緑肥が絡んでしまい、なかなかうまくすき込めませんでした。結局、一反歩の作業を終えることができないまま中止しました。

ミニトラクタでも十分

あるとき、いつものようにハンマーナイフでソルゴーを細かく砕いていたところ、近くの年配の農家に「そんなにガンガンとハンマーナイフを回してたら、エンジンが焼けちゃうぞ」と言われ、「トラクタでいったん踏み倒して、それから、ロータリは高速回転で浅く、車体はゆっくり走らせてすき込めば大丈夫だ」というアドバイスをもらいました。

しかし私のトラクタは小さく、非力です。そんなにうまくいくかなとは思いつつも試してみることにしました。

実際にやってみたらびっくり。意外とうまくすき込めました。ポイントは、踏み倒すときにはロータリを回さないこと、すき込むときは踏み倒した方向とは反対側から、つまりソルゴーの穂先のほうからすき込んでいくことにあるようです。

私の、こんな小さなトラクタでも十分なのです。本当にびっくりです。

時間短縮・燃料代減に成功

いまでは、緑肥すき込み時の機械の運搬はトラクタの一回だけで済み、ハンマーナイフを無理させなくてもよくなりました。燃料費もトラクタの分だけとなり

ロータリは回さず、ひたすらソルゴーを押し倒していく。車速はできるだけ速く

穂先からすき込めば、根が張ったままスパスパ切れて絡まない。細かくしたいので、ロータリはできるだけ速く（PTOは２段階の「高」）、車速はできるだけゆっくり（主変速は3段階の「2」、副変速は2段階の「低」）

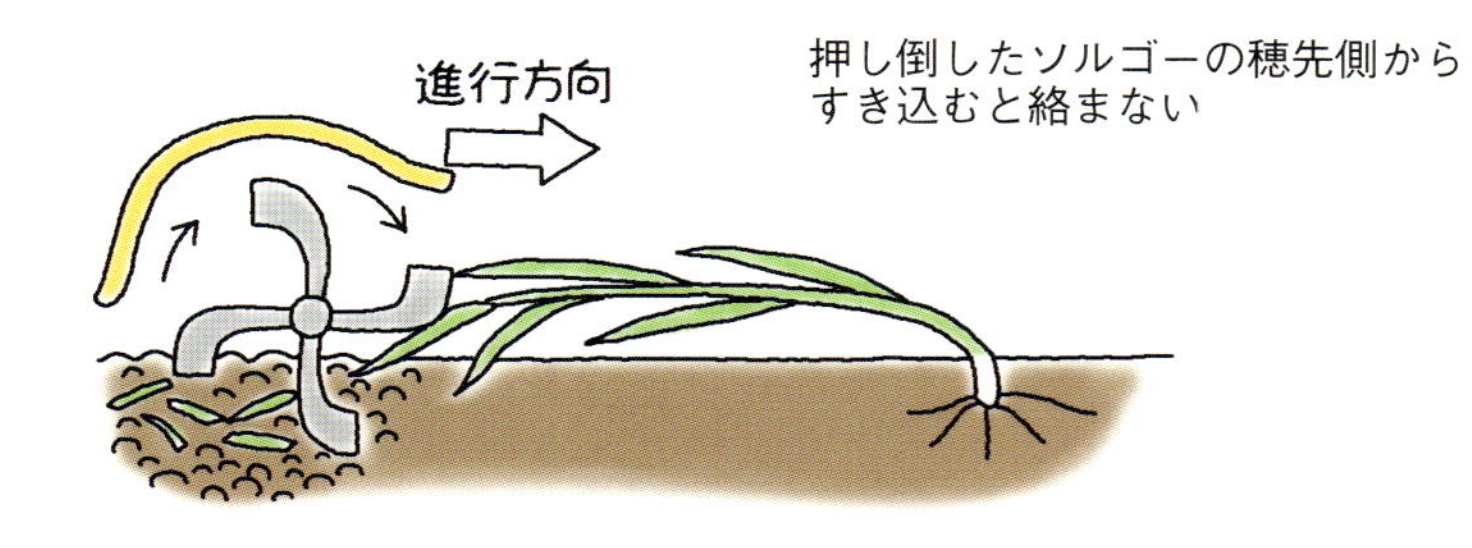

押し倒したソルゴーの穂先側からすき込むと絡まない

これが、
押し倒し＋
逆回り耕耘法

13馬力のミニトラクタでも、１回耕しただけでこの通り

経費削減、作業の効率アップにもつながりました。本当によい方法を教わったなと、感謝です。

ただし、緑肥のすき込みから作付けまでの期間が短いときには、ハンマーナイフで細かく砕いておく方法のほうが、分解が早そうです。作付けまで十分余裕を持って作業するか、場合によってはハンマーナイフを活用するか、というところでしょうか。

（神奈川県小田原市）

＊二〇一二年三月号「ミニトラクタでもできる長～い緑肥の押し倒し＋逆回り耕耘法」

力を引き出すメンテ術

トラクタの点検場所

冷却水のフタ
ラジエター
防塵網
ファンベルト
バッテリー
エンジンオイル

（倉持正実撮影、以下も）

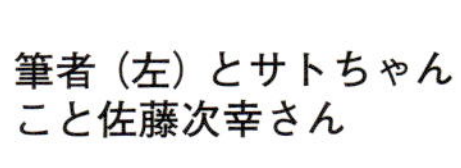

筆者（左）とサトちゃんこと佐藤次幸さん

メンテはちゃんとやっていたつもりだが…

私が使用しているトラクタは、就農したときに七年ローンで買った一〇〇万円のイセキTG25と昨年親戚から頂いたクボタL2002DTです。長く使いたいと思い、これまでもエンジンオイルやギアオイルの交換、エアフィルターやラジエターの掃除はしていました。これでメンテナンスはやっているつもりでしたが、サトちゃんにいわせればまだまだでした。そんなサトちゃんに教わったトラクタのメンテについて書かせていただきます。

トラクタ長持ち六カ条

1　バッテリー

マイナス端子を外せば二万円浮く!?

バッテリーは、エンジンをかけるための電気を蓄える役割をしています。昨年の春、トラクタで田んぼを耕しに行こうと思ったらエンジンがかからず、機械屋さんに電話をすると

ラジエターの掃除は、防塵網だけでなく、ヒダヒダ（フィン）のチェックも大事

フィンに溜まったゴミは、フィンを傷つけないように針金で掃除。ごそっとゴミがとれる

サトちゃん直伝
トラクタ&ロータリ長持ちメンテ術

神奈川・**今井虎太郎**

すぐに新しいバッテリーを持ってきてくれました。しかし代金は軽く二万円を超えました。サトちゃんは、トラクタを使わないときはバッテリーのマイナス端子を外して放電を防いでいるそうです。これだけで消耗がずいぶん違ってくるのです。

2 エンジンオイル
触って点検　ザラザラになったら交換

トラクタのメンテで唯一私が気を使っていたのが、エンジンオイルです。アワーメーター五〇時間ごとに機械屋さんにオイル交換をしてもらい一回五〇〇〇円くらいしていました。でもサトちゃんにいわせれば「もったいない」。二倍の一〇〇時間たったら手で触り、ザラザラになっているのを確認できたら交換、で十分だそうです。「交換は自分で！」ともいわれました。また交換した古いエンジンオイルは、コンバインなどの回転部分に注油したりして再利用できます。

オイル交換と一緒に、エンジンオイルをきれいにする役割のオイルフィルターも交換。インターネットで探せば安く販売しているところもあります。

3 ラジエター
針金掃除でヒダヒダまできれいに

ラジエターは、中に流れている冷却水でエンジンを冷やしているものです。私もたまに（一年に二回くらい）点検はしていました。といっても防塵網を外して大雑把にゴミを取る程度。これもサトちゃんにいわせればそんないい加減な掃除ではダメで、オーバーヒートの原因になるそうです。

防塵網はもちろんのこと、ヒダヒダ（フィン）までブラシやブロワー・針金などを使ってきれいにして新品の状態まで戻してやります。ただしフィンは、とても柔らかくできているので、強く掃除するとすぐに変形してしまいます。硬くも軟らか過ぎでもない針金を使ってそっと掃除します。ちょうどよいものを探します。結構やりがいのある掃除なので、冬の間や雨の日などにやったほうがよいです。

冷却水もフタを外して減っていないか確認し、足りなかったら補充します。必ずエンジンが冷えた状態で行ないます。

4 ファンベルト

指押し確認で張りをキープ

ファンベルトがちゃんと張っていないとファンが回らずエンジンを冷やせません。また、ダイナモなどの発電機が発電しなくなりエンジンがかかりにくくなります。結構大事な役割を果たしているようですが、私はずっと点検していませんでした。サトちゃんにいわれて確認してみると、ベルトの張りが弱くてかなりたるんでいる状態。ベルト自体はまだまだ使える状態だったので、張りを強くしました。指で押して一cmくらい動く程度の張りをキープすればいいそうです。

ベルトの寿命は、ベルトがかかっているプーリーと比べます。プーリーの溝の頂点よりもかかっているベルトが凹んでいる場合は注意です。

5 燃料

ガソリンと軽油は別の補充ポンプで

エンジンを汚さないためには、きれいな燃料を補充することが大切だそうです。トラクタの燃料は軽油。管理機や田植え機などガソリンの機械も使っていますが、給油するときはどれも同じポンプを使っていました。それだと、ポンプに残ったガソリンや軽油が混じってしまいます。サトちゃんは、専用のポンプを使って混ざらないよう気を付けているそうです。また、ポンプの管の中が汚れていると燃料にゴミが混ざってしまうので、ポンプ自体も掃除しなければいけません。

6 タイヤ

適正空気圧でもっと長持ち

トラクタのタイヤは、交換となるとたいへんな出費です。でも空気圧を適正にすると長持ちするそうです。適正な空気圧は、そのトラクタで使う作業機によっても違います。コンバイントレーラやマニュアスプレッダーなどの作業機を引っ張る場合は、少し空気が少ないほうがよいそうです。

私は車と同じようにトラクタのタイヤも空気を少し多く入れると燃費がよくなると思い、規定量より多く入れていました（一二〇kPa〈キロパスカル〉のところ、一八〇kPa）。でも使用して五年以上になるそのタイヤは擦り減ってしまい、田んぼでスリップするようになったので、思い切って交換しま

空気圧を高くしていたタイヤ。
真ん中がすぐに擦り減ってしまった

した。

交換した新しいタイヤはベトナム製です。なぜ外国産にしたかというと、サトちゃんに「外国製のタイヤはプライ数が多くて頑丈だ」と聞いたからです。今まで使用していた国産のタイヤは四プライ、新しいタイヤは一二プライです。プライはタイヤの厚さなどを示している値なので、三倍も厚いタイヤです。ただ、タイヤが硬い分、田畑などを走るとき以外は車体がバウンドしたりしていました。

そんな私のタイヤを見て、サトちゃんは「空気の入れすぎだよ」と。よく見るとタイヤの真ん中しか地面に接地していませんでした。空気を抜いてみると、タイヤ全体が接地しました。タイヤは地面に接しているところがグリップ力（摩擦力）を発揮して擦り減ります。空気の入れすぎだった私のタイヤは、頂点のところだけが地面に接して早く擦り減っていたのです。タイヤ全面をうまく使える空気圧にセットすると、地面に接する面積が増え、グリップ力も増し、タイヤが長持ちするそうです。

（神奈川県伊勢原市）

＊二〇一二年三月号「トラクタ＆ロータリ長持ち十カ条」

ロータリ長持ち3カ条

1 絡まり厳禁

草が絡まったら、ひどくなる前に掃除する。とくに両端の軸受けの隙間にゴミが入り込むと、チェーンケースを押して軸やオイルシールを壊してしまう。掃除すれば、軸の回転もとてもよくなる。

掃除は、この隙間を先の曲がったピックや針金でひっかいてゴミを取るだけ。ときどきロータリを手で回しながらやるとスルッとゴミが取れる。手で回らないようだとゴミが詰まっているので要注意。

2 叩けばわかる爪の緩み

ロータリの爪は、使っているとホルダーのナットが緩んでくる。そのまま使い続けるとホルダーの穴が広がってしまい、爪が固定できなくなってしまうので、定期的に爪の緩みを確認することが大切。

ナットの緩みは、爪を棒で軽く叩いたときの音でわかる。緩んでいる場合は音が震えて聞こえ、緩みを締めると震えがなくなって前の音より高く聞こえる。

3 落下速度調整で叩きつけない

ロータリを下げるときに急スピードで下ろすと、地面に当たって大きな音が出る。こんな叩きつけるような下ろし方では、すぐにロータリが壊れてしまう。

ロータリの落下速度は、座席下のつまみを回すだけで調整できる。下ろしたショックが少なくなるよう、このつまみで調整する。ただしあまり落下速度が遅いと作業性が悪くなる。上がる速度と同じか若干速い程度がいい（33ページ参照）。

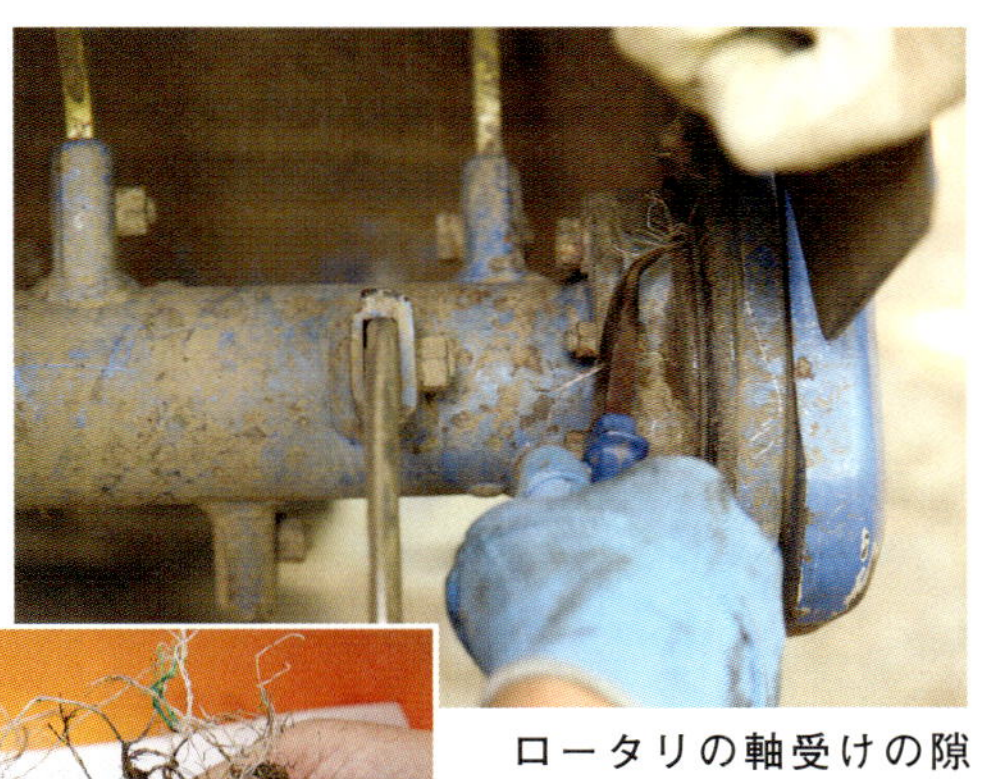

ロータリの軸受けの隙間からキュウリネットが…。出てくる出てくる

両端の軸受けの隙間に、こんなにゴミが入り込んでいた！

詳しくはDVD「サトちゃんの　農機で得するメンテ術」全2巻（案内64ページ）もご覧ください。

グリス&オイルメンテでもっと長持ち

ユニバーサルジョイントのグリスアップ

埼玉県川越市・**宮岡信彦**

トラクタのPTOとアタッチメントをつなぐユニバーサルジョイント。カバーが邪魔になり、ついついグリスアップを怠けてしまう人も多い。でも、作業中は常にグルグル回っている部分なので、グリスが減るとどんどん傷みます。私は、アタッチメントの取り外し・装着のときには必ずグリスを打ちます。グリスニップルの中、カバーの隙間、ベアリングの隙間などが常にグリスで満たされていることで、泥や埃から保護されます。

＊2012年3月号「ユニバーサルジョイントのグリスアップ」

2 トラクタ側の軸受けの中にグリスを塗る

ユニバーサルジョイント

1 オス・メス太さの違う2本の筒が組み合わさっている。引き抜いて細いほうの筒にグリスを塗る

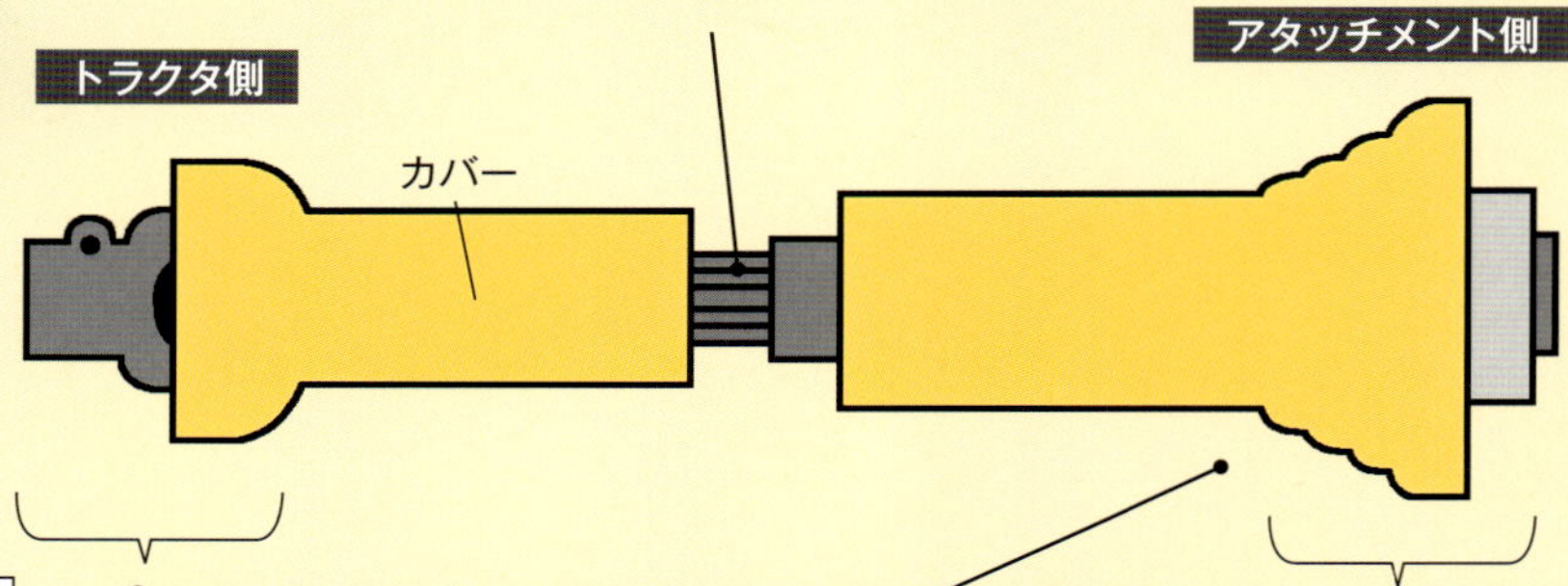

3 トラクタ側のグリスニップルは普通1つだが、広角ジョイント（アタッチメントが急角度でも無理なく回る）の場合は矢印の2カ所にある

4 カバーの中で鉄の棒がクルクル回るため、カバーにもグリスニップルがある

5 アタッチメント側のグリスニップルは1つ。軸受けの中（→）にもグリスを塗る

1本150円のオイルスプレーでごほうびメンテ

群馬県川場村・**久保田長武**

頑張ってくれたトラクタやアタッチメントは、しまう前にきれいに洗浄し、来シーズンもピカピカ元気に働けるよう、とっておきのサービスメンテをしてあげます。トラクタは春秋2回やります。

＊2012年3月号「1本150円のオイルスプレーでごほうびメンテ」

1 さびないように、よく晴れた日を選び、高圧洗浄機で泥をすべて落とす（摩耗や交換の必要な場所が見つかる）

2 さらにコンプレッサーで隙間まできれいにする（水気を飛ばしながら各部を点検）

3 1本150円のオイルスプレーを、頑張ってくれた機械に「ジュースをおごってやった」と思って機械全体に惜しみなくスプレーする（実際はたっぷりかけても1本は使い切らないので、70円）

メンテに欠かせない ピストルオイラーとさび止めスプレー

茨城県牛久市・**安部真吾**

ピストルオイラー（日平機器㈱　03-3583-8811）は飛ばすだけでなく手元の注油も自在

ピストルオイラーは、引き金を引くと狙ったところに向かってオイルを2m程度飛ばすことができる油注しです。注油部分が手の届かないところにある場合が多い農業機械。でもピストルオイラーなら、注油部分が見えてさえいれば、飛ばして簡単に注油できます。

機械の金属部分のさび止めには、30番オイルと軽油を7：3の割合で混ぜたものが安くて便利です。30番オイルはいちばん安い機械油。軽油を混ぜるのはスプレーで吹き付けられるように適度に緩めるためです。機械を使い終わり洗った後、しまう前に、このさび止めをハンドスプレーで金属部分全体に吹き付けておけば、保管中にさびて劣化することがありません。クワなどの農具も、洗ったあと必ずこれを吹き付けます。

＊2012年3月号「メンテに欠かせない　ピストルオイラーとさび止めスプレー」

いろいろあるけどどこが違う？
ロータリの爪

奈良県山添村・坂本鉄工所

ロータリの爪は消耗品。田んぼや畑を耕耘すれば程度の差はあれ必ず減るから、定期的な交換が必要だ。種類がいろいろあるようだけれど、いったいどこが違うのか。

ロータリの爪をインターネット販売

その名も「爪屋どっとこむ」としてロータリの爪をインターネット販売する村の農機屋さん、坂本鉄工所の専務・坂本健作さん。

今でこそロータリの爪をネット販売する業者は増えたが、トラクタやロータリの型式によって適合する爪の規格が細かく変わるので、かつては手を出す人が少なかった。「爪屋どっとこむ」はその先駆けだ。

ロータリの爪には、トラクタやロータリのメーカーが用意した純正品・推奨品といわれるものと、爪メーカーが独自に販売する社外品とがある。社外品なら比較的安く仕入れられることを知り、商売になるのではないかと考えた坂本さん。始めてみると意外に純正品・推奨品の需要も高いことがわかった。

最近の爪はカラフル

左の写真は、イベント販売などに坂本さんが持って出かけるという爪のサンプル。黒や銀色だけではない。近頃の爪はずいぶんカラフルだ。

ロータリの爪というと、ひと昔前はナタ爪が標準だった。だが現在、新品のトラクタを買うと、付属のロータリにはナタ爪より爪の幅を広げて土の反転性をよくしたカラフルな爪が標準で付いてくる。たとえば、クボタなら水色のスーパー反転爪や濃紺色のミラクル反転爪。ヤンマーは黄色い正宗が標準だし、イセキや三菱の標準爪も薄い紫色や青色だ。

写真の爪は代表的なものだが、まだ他にもある。市販の爪を大まかに区分すると、①トラクタとロータリをセットで売るクボタ・ヤンマー・イセキ・三菱各社の純正品、②各社のロータリに適合することが認められた爪メーカーのブランド品、③各社のトラクタに合うよう汎用性を持たせて作られた「社外品」、の三タイプがある。

国内の主な爪メーカーは四社。コバシ（岡山）は、ロータリなどの作業機メーカーであるとともに、トラクタメーカー各社の純正爪・推奨爪をつくる。太陽（高知）は、ヤンマー・イセキ・三菱と農協系統で販売されるトラクタ用の爪をつくる。この二社が①②のメーカーで、③の社外品メーカーとして東亜重工（兵庫）と日本ブレード（香川）がある。

進化する耐久性と反転性

ロータリの爪が、基本形であるナタ爪からどんなふうに進化してきたかを見ると、大まかに分けて二つの方向があるようだ。一つは、爪の母材に別の鋼を溶着して厚みを増し、耐久性を高める方向。もう一つは爪の幅を広げて土の反転性を高める方向だ。幅が広いと、同じように摩耗しても長く使えるというメリットもある。

耐久性は高いに越したことはないが、反転性が高いのはいいことばかりではない。稲株やイナワラ、ヒコバエ、収穫残渣などをきれいにすき込める反面、ロータリにかかる負荷が大きく、燃費が悪くなりやすい。また当然ながら、耐久性が高い爪、反転性が高い爪は、従来のナタ爪に比べると爪の単価が高くなる。

そこで坂本さんは、お客さんが爪を選ぶ目安になるよう、爪の写真の隣にあるような五角形で各爪を独自評価している。五角形の評価項目は、耐久性・反転性・省力性（ロータリにかかる負荷が小さい）・経済性（価格）・おすすめ度。

耐久性が高いと爪交換の手間も減る

坂本さんのお客さんの中では、安いナタ爪で十分という人もいる一方、田んぼ

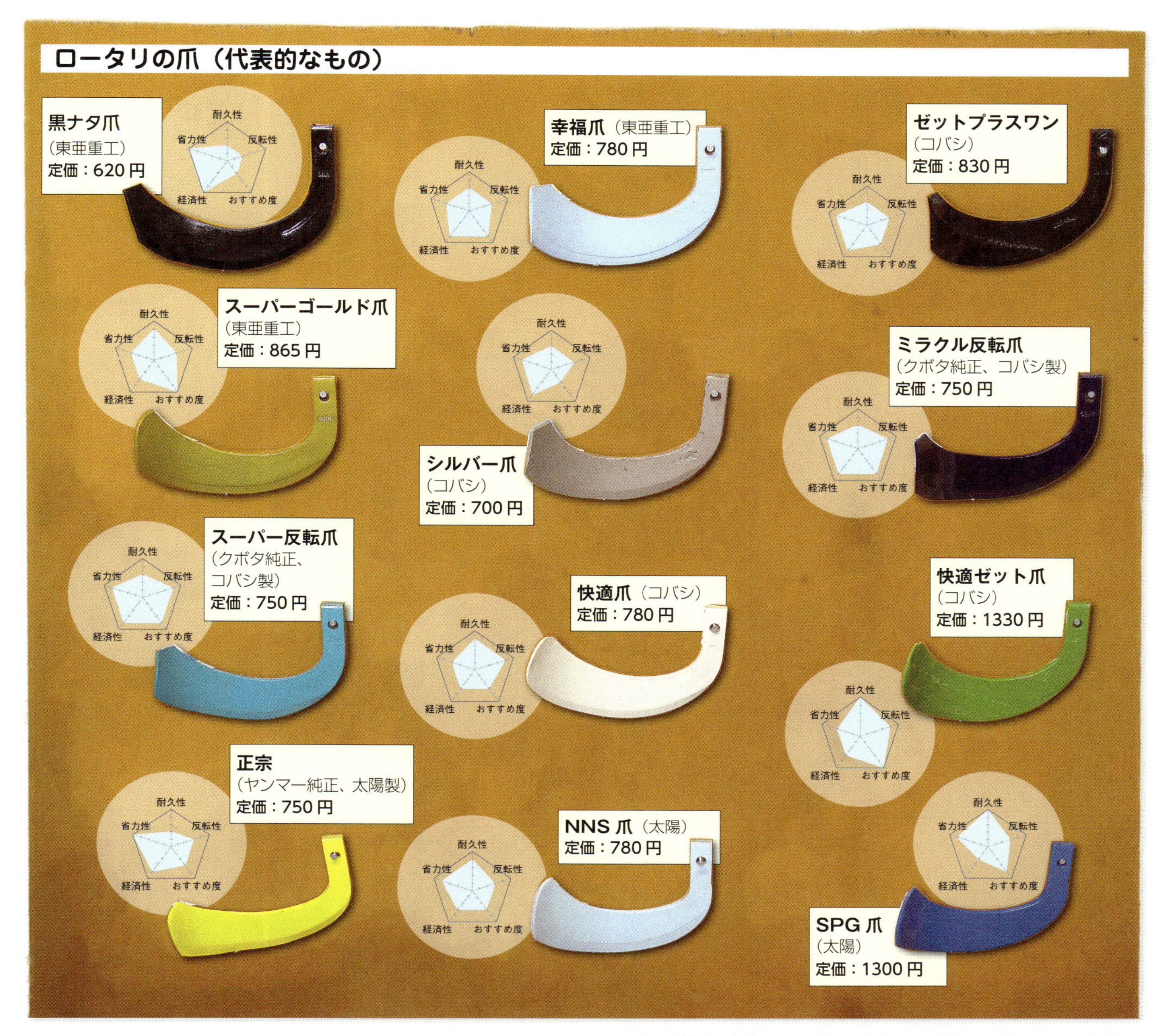

爪の価格は、中型トラクタ用、1本当たりの税抜き定価（2012年当時）。現在の販売価格についてはネットショップのホームページ参照（爪屋どっとこむ：http://sakamoto18.shop14.makeshop.jp/）電話での問い合わせにも対応（TEL0743-85-0018）

スーパー反転爪・ミラクル反転爪

クボタ純正品。ナタ爪の幅を広げ、反転性を高めたのがスーパー反転爪。反転・すき込み能力をいっそう高めたのがミラクル反転爪（24馬力以上向け）。コバシが生産

快適爪

コバシのブランド。コバシ独自の「スクリュー理論」に基づき、反転性を高めつつ抵抗を減らす工夫がされている。耐久性を高めた快適ゼット爪、新モデル・快適プラスワンも発売。コバシの爪は各トラクタメーカーの純正品・推奨品

スーパーゴールド爪

東亜重工製の社外品。各メーカーのトラクタに対応。反転性が高く、厚みもあって耐久性も比較的高い。機能の割に価格が安い

NNS爪・SPG爪

太陽のブランド。NNS爪は、反転・すき込み能力に加え、長持ちするとして人気が高い。通称「青い爪」。ヤンマー・イセキ・三菱各社、農協系統販売トラクタに対応。耐久性をいっそう高めたのがSPG爪。太陽は、ヤンマーの純正爪・正宗も生産

の面積がある程度大きい人の中には高い爪を求める人も少なくない。爪自体が長持ちすることに加えて、交換の手間・コストが減るというメリットもあるからだ。爪の交換を農機店に頼めば五〇〇〇～一万円の工賃がかかる。自分でやれば工賃は不要だが、作業時間は軽く一時間以上はかかる。ナタ爪の二倍以上する高い爪でも、長持ち度合いと手間を考えたら選ぶ価値はあるということらしい。

また、爪の耐久性には土質の影響も大きい。たとえばナタ爪で、同じく三〇aの田んぼを年に三回耕耘する場合、粘土質なら四～五年使えるところ、砂地だと二年で交換というほど違うそうだ。編

＊二〇一二年三月号「いろいろあるけどどこが違う？　ロータリの爪」

トラクタ乗るなら知っておきたい
オイルの話

青木敬典

トラクタに乗るときに気になることには、エンジンオイルやギアオイルもある。お店にはいろいろ売られているけど、どれを選べばいいのか？　ロングセラーの単行本『農家の機械整備便利帳』（農文協）著者、青木敬典さんにきいた。

かつてのお勧めオイルは売られていない

私が『農家の機械整備便利帳』を書いたのは一九九六年のことです。このなかでエンジンオイルについては「簡単な話です。『SE／CD　10W―30』と表示してあるモノを買ってくればいいのです」と書きました。ところが、それから状況は変わりました。今、ホームセンターや農業資材店の店舗で、この規格のオイルを探そうとしてもなかなか見つかりません。

この十数年、農業機械のエンジンは基本的には変化していませんが、乗用車のエンジンはだいぶ変わりました。ハイブリッドブームの影響で、省エネ・低騒音が求められるようになり、オイルに求められる性能がより厳しくなってきました。具体的にいうと、よりサラサラで、しかも油膜切れを起こさないという、相反する性能が求められるようになりました。それにともない、原油を精製したベースオイルを主原料とするオイルから、化学合成されたベースオイルを主原料としたオイルへと変化してきました。そのため、オイルの分類の表示についても、前述の単行本に掲載した内容とはかなり変わっています（左ページ表）。

でも、心配ありませんよ。農機具のエンジンは基本的に変わっていませんから。エンジンの回転数は、ガソリン汎用エンジンで四〇〇〇回転、トラクタのディーゼルエンジンで三〇〇〇回転程度です。ターボ付き乗用車のエンジンのように八〇〇〇回転も上げるものはありませんから、そこそこの安いもので十分です。

どんなエンジンオイルを選ぶ？

では、具体的にはどんなオイルを買ってくればいいのか。簡単な話です。現在、JAの資材店舗・農業資材の専門店・ホームセンターなどで売られている規格のなかでは、API規格がSF／CDかSG／CFかSJ／CFで、SAE規格が5W—30か10W—30を買ってきてください。

オイルの分類（2サイクルエンジンは除く）

性能または用途による分類（APIサービス分類）米国石油協会		粘度による分類（SAE分類）米国自動車技術者協会			
エンジンオイル					
ガソリンエンジン用	ディーゼルエンジン用	マルチグレード表示	シングルグレード表示		
A					
B	A		0W	極寒用	低燃費車用
C	B	**0W-20**	5W	寒冷地用	
D	C	**5W-30**	10W		
SE	**CD**		20W	一般用	
SF	**CE**	**10W-30**	20		
SG	**CF**		30		
SH	**CF-4**		40		
SJ		20W-50	50	酷暑用	レース用
SL			60	（冬期に使用してはいけない）	
SM					
SN					
（下にいくほど、低燃費車用・高回転高出力エンジン用）		「W」はwinter（冬）の意味。「5W-30」とは、低温時（冬）の粘度が「5」、高温時の粘度が「30」の意味			
ギアオイル					
1			75W	極寒用	
2					
GL-3		**75W-80**			
GL-4（湿式ブレーキ対応）		**80W**	80W	寒冷地用	
5		**80W-90**	85W		
（下にいくほど、耐荷重性能が増す）			90	一般用	

表中の四角で囲んだ規格が農業機械用のオイルとして適当なもの

表の規格の分類では、アルファベットや数字が後になったり大きくなるほど、すなわち表の下にいくほど、農業機械にとっては贅沢なオイルとなります。現在では、ガソリン用SE規格のオイルを見つけることはできません。そこで、それに近い規格のものを探せばいいのです。価格は、四ℓ缶で二〇〇〇円弱くらいのもの。交換時期の目安は、二年かアワーメーターで一〇〇時間の短いほうで交換されることをおすすめします。

買ってからあまりに古い機械（私のは、ほとんどが三〇年以上経ったものばかりです）では、交換に神経質になるよりも、使用前にオイルレベルの点検をしっかりして（水平なところで）、「H」のレベルまで補充してから使用することを心がけてください。古いエンジンは「オイルを食う」エンジンになっていますから、こまめな使用前点検が必要です。

トラクタや管理機などは傾斜地で作業することが多いので、「L」のレベルではエンジンに負担をかけます。ましてや、管理機を作業中に転倒させたときなどは、危険回避の確認をしたあと、直ちにストップスイッチでエンジンを停止してください。転倒するとエンジン内のオイルが片方に寄ってしまい、オイルが循環しなくなるからです。さらに悪いことには、キャブレターの燃料もガス欠状態になり、エンジンが吹けきってから停止します。この間にエンジンには非常な負荷がかかります。

機械の年齢にあったオイルを選択

一般に農業機械というと、六～七年で新車に買い換える乗用車と違い、二〇年、三〇年と使います。三〇年前に作られた機械は、そこそこエンジンがへたってきています。具体的にいうと、ピストンとシリンダーの間隙が大きくなっています。そこへ最近の高性能を売り物にしたサラサラのエンジンオイル（SN 0W－20）を注入したら、圧縮漏れを起こしかねません。むしろ固めのオイルのほうがいいわけで、10W－30をおすすめします。

ギアオイルは？

ギア（ミッション）オイルについては、エンジンオイルほど状況の変化はありません。結論からいうと、GL－4、80W－90か75W－80で十分です。価格は、四ℓ缶で三〇〇〇円弱くらいのもの。

単行本では、前半の表示がGL－3になっていました。古い機械にはそれで十分ですが、湿式ブレーキを装備した最近のトラクタなどにはGL－4のオイルが求められています。また、トラクタに装着している作業機がロータリくらいなら問題ありませんが、フロントローダーを装備して真冬に使用する場合は、極寒地では75W－80のほうが作業機の動きがスムーズです。

交換の目安は、五年に一度で十分です。交換するときは、オイルフィルターも交換してください。鉄粉がオイルフィルターを詰まらせて油圧が作動しなくなるトラブルを防ぐことができます。

なお、最近の高性能なトラクタをお買いになられた方は、説明書にある規格を確認してから対応してください。とくにトラクタの自動変速（ATF）やコンバインのHSTのオイルについては、厳密にいうとギアオイルの範疇ではなく、エンジンオイルに近い特性が求められていますので、普通のギアオイルを使用すると故障します。メーカー専用のオイルを使用してください。

農機整備のプロはどれを選ぶ？

ところで、農業機械整備のプロは何を使っているのでしょうか。かつての職場四カ所を取材したところ、ヤナセというブランドのものを使っていました。

①エンジン・ギア兼用「マルチA－1」

規格は、エンジンオイルとしては〈CF－4／SG 10W－30〉（なぜかディーゼル表示が先）。ギアオイルとしては〈GL－4　75W－80〉です。

②湿式ブレーキ・ギア兼用「BGデラックス」

規格は〈GL－4 80W〉。

③メーカー推奨HSTオイル

④小売用として「農業機械用万能オイル トラクタワイドスーパー」

これも兼用オイルで、規格は、エンジンオイルとしては〈CF－4／SH 10W－30〉、ギアオイルとしては〈GL－4 75W－80〉です。整備士は「もうこれ一本で十分です。いろいろ置かない！」と言っていました。同感です。

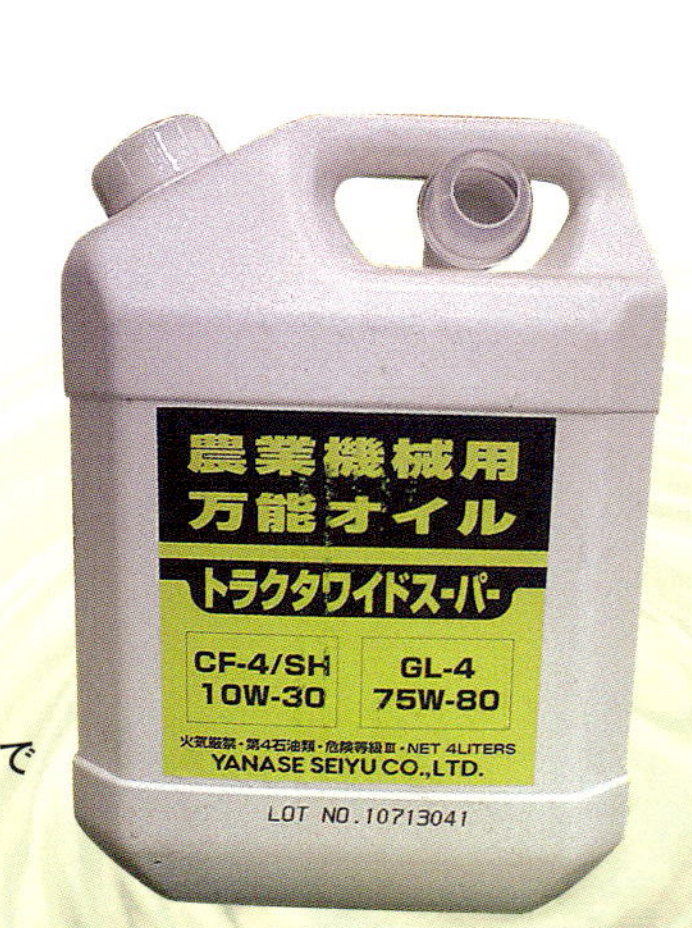

農業整備のプロがこれ１本で十分という「万能オイル」

最後に、肝心なこと

今では、「オイルの規格」でインターネットを検索すれば、どなたでも一夜にして豆博士になることができるほどの情報が散らばっています。便利な時代になったものですが、肝心なことは、時代の変化（オイルの品質の進化）に適応しつつ、その機械にあったオイルを選択し、なによりも適切に機械を管理（オイルレベルの使用前点検など）することです。

（農の会会員　ＪＡみなみ信州）

＊二〇一二年三月号「トラクタ乗るなら知っておきたい　オイルの話」

オイル売り場をのぞく

実際のオイル売り場はどうなっているでしょう。ホームセンター・農業資材センター・自動車用品店・ＪＡの農業資材店舗を取材してきました。

ホームセンター

さすがに大手スーパー傘下。最近の低燃費自動車対応のオイルから農耕用まで品揃えが豊富。破格の安値もあり。気がついたら、4ℓ 980円なるエンジンオイル（SL／CF 10W−30）をカゴに入れてレジの前に並んでいた（おすすめの規格より贅沢だが、安いので農機と車用に）。不覚！

農業資材センター

品数を絞り込んでおり、農家を混乱させない配慮がされている。エンジンオイルは、〈SJ／CF 10W−30〉とディーゼル専用の〈CD 30〉。農家が自分で交換するであろうオイルについてはこれで十分。

自動車用品店

マニア向けの店だけあってハイグレードオイルの品揃えは豊富。昔は破格の安値もあったが、見当たらず。高級品が主流で、農耕用のオイルはなし。最近の軽トラのエンジンオイルの選択については、ここで相談するのがオススメ。

ＪＡ農業資材店舗

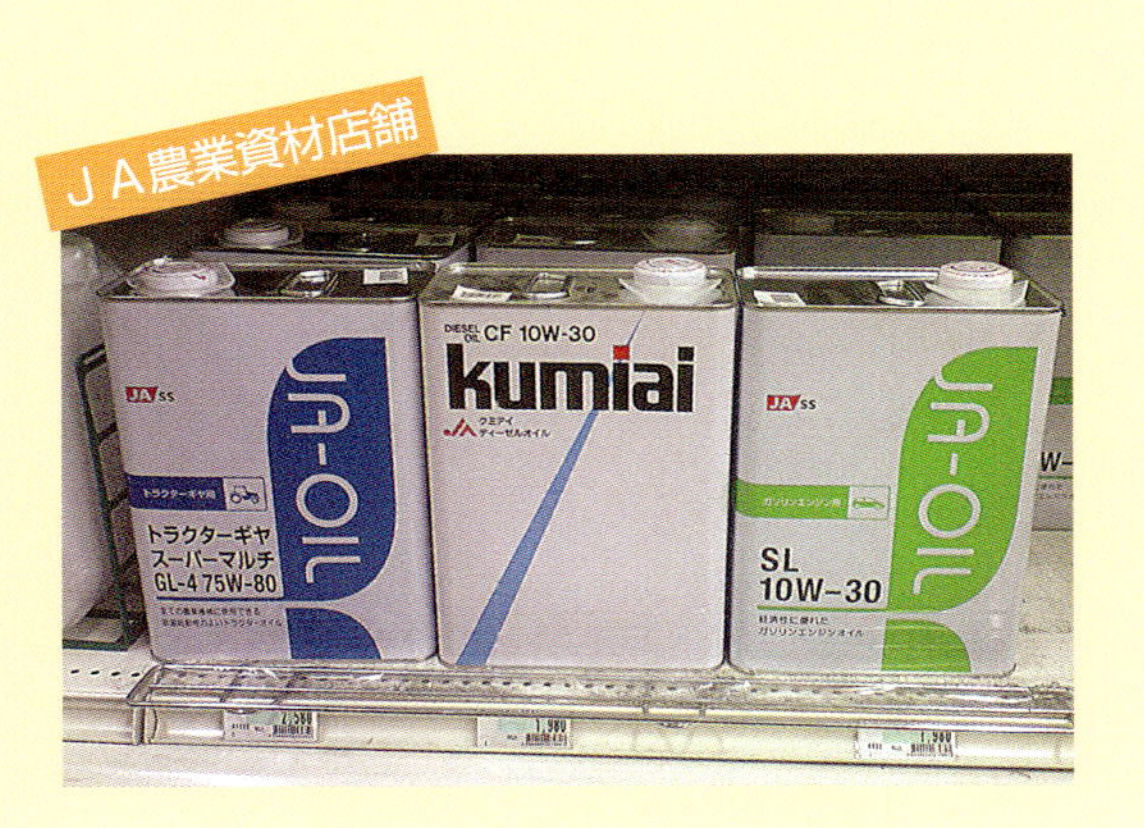

ここもお客さんを惑わせない配慮（?）。親団体の全農の指導か、「クミアイ・ＪＡ−ＳＳ」ブランドの３種類が存在を主張。エンジンオイルはガソリン用〈SJ 10W−30〉、ディーゼル用〈CF 10W−30〉。ギアオイルは〈GL−4 75W−80〉。性能的には十分。価格も適正。よその店と比べるときの基準になりそう。

トラクタ名人

サトちゃんの技を取り上げたDVD＆単行本

この本と合わせてぜひご覧ください。
（農文協　TEL 0120-582-346）

DVD
イナ作作業名人になる！
コスト1/3をめざすサトちゃんのコメづくり

全３巻　（揃価 30,000 円＋税、各本体 10,000 円＋税）

第１巻　春作業編　105 分

作業時間＆燃料半減、耕深 10cmの浅起こしで耕盤まで真っ平ら（この本では p18 〜）な田んぼに仕上げる耕耘の技をサトちゃんが披露。傾かないコースどり、試し掘り、四隅の３秒ルールなど基本となる技術から、オート機能を使いこなすコツまで。田植えも水管理もラクにする代かきの技（p36 〜）も紹介。
そのほか発芽率 100％の種モミ処理術、重さ半分でムレ苗知らずの培土づくり、苗丈 10cmの健苗にする育苗管理、補植要らずの田植えのコツなど盛りだくさんの 105 分。

第２巻　秋作業編　58 分

収穫ロスも故障も減らすコンバイン操作、格納前のメンテナンス、“たまげるほどうまい”米に仕上げる乾燥・調製・精米の技術、生育ムラなしの穂肥振りのコツ、ワイヤー１本でできる暗渠掃除まで紹介。

第３巻　耕耘・代かき 現場の悩み解決編　115 分

サトちゃんが各地の田んぼを訪問。営農組合のみなさんや新規就農者など、さまざまな人たちが抱える耕耘・代かきの悩みをその人たちのトラクタを使って解決していく。作業機の水平や尾輪の使い方（p10）、低燃費･高速耕耘法（p21、p22 〜、p30 〜）、ロータリ落下速度調整（p33）、土寄せ爪の入れ替え（p38）、ドライブハローで高低直し（p42 〜）など、この本で扱った技術についても動画でたっぷり紹介。

DVD サトちゃんの
農機で得するメンテ術
全２巻　（揃価 15,000 円＋税、各本体 7,500 円＋税）

第１巻　儲かる経営・田植え機・トラクタ編　87 分

第２巻　コンバイン・管理機・刈り払い機編　73 分

儲かる経営の最大のポイントは、農機を壊さないこと。機械を壊さないサトちゃんは、修理代をかけずに貯金できるから借金なし。といっても、日々やっているのは掃除や注油など誰でもできるメンテのみ。トラクタをはじめ、「ここさえ気をつければ壊れない」というさまざまな農機メンテのポイントを、新米農家・コタローくん（p52 〜）と大型機械を使う営農組合のみなさんに伝授する。

単行本 サトちゃんの
イネつくり作業名人になる
佐藤次幸著　136 頁（定価 1,600 円＋税）

耕耘・代かき作業のほか、育苗、田植え、追肥、収穫、乾燥調製作業まで、サトちゃんの稲作作業のコツを一冊に。

現代農業 特選シリーズ　DVDでもっとわかる 12
トラクタ名人になる！
耕耘・代かき・メンテの技

2016年10月10日　第1刷発行
2023年 1 月20日　第15刷発行

編者　一般社団法人　農山漁村文化協会

発行所　一般社団法人　農山漁村文化協会
〒335-0022　埼玉県戸田市上戸田2-2-2
電話　048（233）9351（営業）　048（233）9355（編集）
FAX　048（299）2812　　振替　00120-3-144478
URL　https://www.ruralnet.or.jp/

ISBN978-4-540-16130-8

DTP制作／㈱農文協プロダクション
印刷・製本／凸版印刷㈱